環ヒマラヤ生態観察叢書 ③

パソン・ツォ／ルラン

生物多様性観測マニュアル

羅 浩 編著
島田陽介 訳

生命の記憶

グローバル科学文化出版

まえがき

　私はずっと「黄金とは泥水に浸かろうが山に埋められようが黄金に変わりはなく、その輝きも価値も建材である」と思っていた。私の書籍は真実に基づいて書いており、専門家に依頼して書いたことはない。読者に本文の背景を簡単に理解してもらうために自分で書いているだけであり、他人の著作については自分の知識が乏しいために参考にはできない。

　しかし近頃、多くの人から電話をもらい、もうすぐ出版される『生命の記憶：チベット巴松措（パソン・ツォ）魯朗（ルラン）生物多様性観測マニュアル』に一筆添えてほしいとの依頼があった。依頼主の態度は実に真摯であり、懇切な言葉、堅実な気持ちに圧され、時間を割き原稿を読んだ。読み終え、私は感動せずにはいられなかった。作者や、編集者の幾度もの依頼を受け、このようないい機会を逃す理由もなく受けることにした。

　もし感想を残したほうがいいのであれば、是非この機会に、このシリーズの主編である羅浩と彼のチーム、北京出版集団の方々に言っておきたいことはある。あなた方は世界で最も美しいとされるチベット高原に対する本物の愛を持っており、個人の安否を顧みず、これらの無言の生命の美しい姿を残し、人々の記憶の中に呼び覚ました。あたた方は世界山地生物多様性の王国——チベット高原を保護するため、中国の壊れかけた自然を修復するため、美しいこの国に大きな貢献をもたらせた。ここに一般の科学工作者である私の感謝の意を示す。

　生物の多様性を保護する科学工作者として、仕事の中で感じた一番の悲しみは、多くの国民やある政府部門の管理者が目の前の利益を追記するあまりに、無情にも多くの野生動物の家を破壊し、中国の生物多様性をどんどん追い詰めていることである。最も忘れられない事例は、中国・世界で最も希少な大型哺乳類であり、中国の宝でもあるヨウスコウカワイルカの絶滅（理論上では）という悲惨な事件が起きた時に、国民は見て見ぬふりをし、メディアにも一切取り上げられなかったことだ。国宝の絶滅よりも有名人のスキャンダルに人々は興味を示している。国民に忘れられた大自然の中でもがく命たちに誰が目を向けようか。今、中国の江河の多くは破壊され、中国最後の淡水イルカ——スナメリや多くの魚たちは逃げていった。良知のある科学者とし

て私は、常に機会をつくり政府の関係者に訴えてきた。中国は世界で最も生物の多様性が豊富な国の1つである。これらの人類と共に産まれた生命らは、中国の頼りない国土の生態を守るだけではなく、中国の未来への発展の重要な資源をももたらせ、科学や文化事業の発展に創意とセンスを提供した。その他にも、彼らの構成した生気に満ち溢れた自然の景色は国民の最も良い旅行地又は休憩場所でもあり、国民の生活に多大なる影響を及ぼしている。だからこそ、これらの生命を愛し、彼らの安否を自らの記憶に刻もう。私たちの努力は大きな成果をもたらした。私が長年作業してきたチベット高原にも1つの保護区、森林、公園、湿地公園、観光名所や地質公園などの完全なる保護体制が成り立ってきた。この本で取り上げられている2つの場所も巴松措や色季拉国家森林公園の敷地内に位置している。しかし、中国のチベット高原での生命の多様性が脅かされている事態に比べたら、私たちの努力はまだ十分ではない。とくに、現在の科学研究体制は数多くの青年科学工作員を雇い多くの論文を模索しているにも関わらず、誰もこの生物の多様性の危機に首を突っ込もうとする者はいない。だから私は中国の生物の多様性を保護すべき事業に対しては心配でたまらない。

　原稿を読み終えた後、私の冷めきった心に微かに温かみが生じた。なぜなら、我が国の生物の多様性を保護する戦線の上に援軍が見えたからだ。この新軍はまだ不完全ではあるが、彼らには最新の装備と武器が備わっており、科学技術は日に日に進歩し

ている。主編の羅浩の言う通り、"撮影の力でチベットの生物を守る"。言ってみたら、美の力で人々のチベットやチベット高原、多くの生命の記憶を呼び覚まし、国民の生態理論の道徳を築くということである。

　美とは人類のみが持つ感覚であり、康徳の言うように、「美は人類にだけ使われる」。休謨がかつて言ったように、「美は物事がもともと備えている性質ではなく、鑑賞者の心にしか宿らない。人により皆違った美を持つ」。私たちは美しい中国を作り、美しい生活を過ごすためには、まず美を理解し、認識し、愛さなければならない。全身全霊で美を守らなければならない。この新軍が現代の「武器」をもって国民の美に対する追記を鼓舞し、彼らに美を持たせを期待せざるをえない。こうすることでしか、人は自然の万物の才能と共存することができない。

　最後に、レバノンの有名学者ハリール・ジブラーンの言葉を借りて締めの言葉とさせていただきます。「美はあなた達の魂を大自然に返す──そこがあなた達生命の起源である」。

　　　　　　　　　　　　　　　　　　　　　　　　　　　　李　渤生
　　　　　　　　　　　　　　　　　　　　　　　　　　　中国科学院植物研究所

巴松措、魯朗の生活環境

　巴松措（パソン・ツォ）と魯朗（ルラン）はチベット自治区の東南部に位置しており、ニェンチェンタン山脈とヒマラヤ山脈の間の地帯である。雅魯藏布江（ヤルンツァンポ川）の水蒸気の通路はインド洋の暖気をチベットまで連れてきて、チベット東南地区に十分な雨をもたらせ、気候は暖かく、樹木の豊富は土地にした。ここで単位面積での蓄積量が最も大きい森林と、幾つもの湖、雪山、海洋性氷河が生まれた。

　巴松措は同地区で最も大きい氷河の堰止め湖であり、重要な湿地でもある。周囲には幾年にも渡り積まれた雪でできた雪山と原始的な物も2次発生的な物もあるモミ、クモスギ、カラマツなどの森林の生態システムがあり、巨大な水域面積が多くの水鳥をおびき寄せ、山岳の温暖な気候も鶴などの候鳥の越冬地ともなっている。

　魯朗は国道318沿いの最も景色が美しい区域であり、生態環境においては完璧な状態で保護されており、豊富な生物の多様性を持ち、植物の種類に至っては1046種以上にもなる。森林生態システムは多くの茂み、モミ、雲杉などから組織され、茂みの中には多くの菌類も生えている。高原の草は生え始めと共に春を告げ、コンテリクラマゴケ、シオン、イチハツ、シオガマギクなどの花が生え渡る。夏季の魯朗は森林の海であり、鮮花の世界である！

目次

まえがき ……… 3

第1章 **鳥類** ……… 8

第2章 **獣類** ……… 76

第3章 **魚類** ……… 94

第4章 **昆虫** ……… 100

第5章 **植物** ……… 171

第6章 **菌類** ……… 264

あとがき ……… 271

第1章　鳥類

　この図鑑には魯朗（ルラン）・巴松措（パソン・ツォ）地区の鳥類10目29科103種が収録されており、そのうち以下5種が国家Ⅰ級重要保護野生動物となっている：チベットキジシャコ、オグロヅル、ヒゲワシ、オジロワシ、イヌワシ。以下8種は国家Ⅱ級重要保護野生動物とされている：ベニキジ、シロミミキジ、オオダルマインコ、ヒマラヤハゲワシ、ハイタカ、アオサギ、オオノスリ、チョウゲンボウ。シロミミキジとオオダルマインコは世界自然保護連盟（IUCN）レッドリストに登録されており、純絶滅危惧種とされている。

　高山湖や渓流の沿岸での渉禽類の主となる生息地であり、彼らの特徴ある嘴、長い脚は水の底や泥の中から食物を取ることができるようになっている。ここでは有名かつチベット高原で繁殖する大型鳥類オグロヅルが見られる。

　冬季の高山湖は水鳥を観察するのに理想の地である。彼らの水性はとても良く、常に水面に浮いており、どの脚も獲物を捕ることができる。彼らが生息する地は自然と魚もたくさんいるという事になる。マガモもアカツクシガモもこの地ではよく見かける種類であり、体形の大きめなオオズグロカモメ頭からの容姿には4000万年前のチベットを人々に思わせ、波音が響き、水がうずまき、鳥の鳴き声が行き交う。

　高山針葉樹林や針広混交林、農耕地は鳥たちの主な生息地である。珍奇なベニキジ、シロミミキジ、チベットキジシャコなどがここに生息している。冬季は彼らを観察するのに最も相応しい季節であり、この時期になると山林では食物が減り、彼らは近くの村にまで出てくる。道路まで出てきたシロミミキジに人々は食べ物を投げかける。その他にユキバト、ベニハシガラス、ハイイロマシコ、ムラサキツグミなどの大群による活動は雄大であり、人の心を突き動かすものがあり、チベット文化の保護下で彼らは桃源郷にいるかのような生活を送っている。

　とくに注目すべきなのは夏季の巴松措のレジャーランドで朝方に聞こえるオオダルマインコの群れの鳴き声や、彼らの群れがレジャーランド付近のサクランボなどを食べている姿であり、このような光景は中国ではごく稀である。

　冬季になると多くの鳥や獣が低地に下りる。雪山や高原に生息する大型の猛禽類も後から下りてくるため、湖や集落の周辺には頻繁に2メートル級のヒマラヤハゲワシやヒゲワシが目撃され、その姿は勇ましく美しいものである。彼らは凶暴に見えるが、実は種の進化に対して大きな役割を果たしている。彼らは弱者を捨てることにより種に継続性をもたらしている。

鳥類識別図

　鳥類は動物の中のスターとして人々の注目を浴びている。鳥類の卓越した飛行能力や色彩豊かで華やかな羽、美しく魅力的な鳴き声、渡り鳥の長距離飛行などが人々を観察に駆り立てる。現代社会の発展に伴い、鳥類が健康な環境の指標として一般的に認識されるようになり、多くの人々が鳥類の観察または保護団体に参加するようになってきた。

　鳥類は見た目で簡単なグループ分けをすることができる。例えばニワトリ、カモ、キツツキ、オウム、ハト、カモメ、ワシ、サギと言うようにその多くがよく耳にしている名前だろう。また、その習性によって渉禽類（ツル、シギ等）や水禽類（カモ、カモメ等）、家禽類（ニワトリ、スズメ等）、猛禽類（タカ、ワシ、ハヤブサ等）というように大きく分類することもできる。しかし、各種類の正確な識別には鳥類の基本的な分類学の特徴を知る必要があるため、本書の中に出てくる専門用語を以下にまとめた。

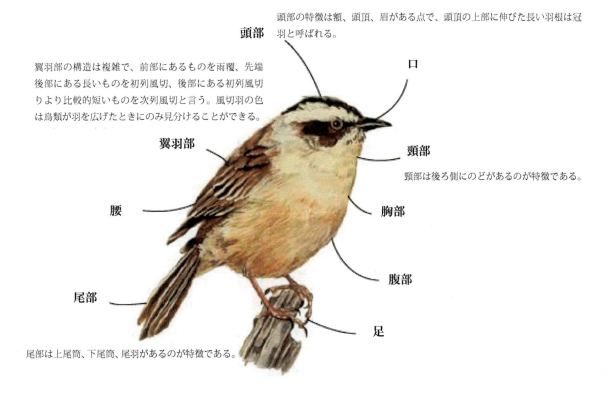

頭部の特徴は額、頭頂、眉がある点で、頭頂の上部に伸びた長い羽根は冠羽と呼ばれる。

頭部

翼羽部の構造は複雑で、前部にあるものを雨覆、先端後部にある長いものを初列風切、後部にある初列風切りより比較的短いものを次列風切と言う。風切羽の色は鳥類が羽を広げたときにのみ見分けることができる。

翼羽部

口

頸部

頸部は後ろ側にのどがあるのが特徴である。

腰

胸部

腹部

尾部

足

尾部は上尾筒、下尾筒、尾羽があるのが特徴である。

第1章 **鳥類**

第1章 鳥類

Anser anser

漢名：灰雁（ハイイロガン）

カモ科　マガン属

体は大きく、約76センチあり、ガチョウと似ておりインドガンと比べると気性が少々荒い。頭頂部は灰褐色の模様があり、嘴はピンク一色となっている。上半身の羽は灰色か緑や白で扇型の模様がある。胸には褐色の花模様があり、尾は短く、上尾筒と下尾筒は白くなっている。飛行中は薄い色の部分と濃い部分の両方が見える。脚はピンク色となっている。主に荒野草原や沼地、湖に生息し、草食であり、雑草を好む。中国北部で繁殖し、小さな群れを作り、中国南部や中部の湖で冬を過ごす。ユーラシア大陸に分布する。

第1章　鳥類

Anser indicus

漢名：斑頭雁（インドガン）

カモ科　マガン属

体は大きく、約70センチ。頭頂部は白く、後頭部には特徴的な黒線が2本伸びている。嘴は黄色で、先端が黒くなっている。喉部の白い部分は首の両側に伸び、首の後ろは黒くなっている。上半身の羽は灰色や緑、白が混ざっており、灰色と白の花柄が多く見られる。飛行中の上半身は浅い色をしており、翼には緑が見える。下半身は白く、脚は黄色となっている。寒さに強く、中国の極北部やチベット高原の沼地に繁殖し、冬になると中国中部やチベット南部の淡水湖に姿を現す。

Tadorna ferruginea

漢名：赤麻鴨（アカツクシガモ）

カモ科　ツクシガモ属

体は比較的大きく、約63センチ、ガチョウと似ている。動きが鈍く、体は黄色く、頭頂部は白、嘴は黒くなっている。尾は短く、黒くなっており、金属のような光沢がある。飛行中には白色と黒色の雨覆羽が鮮明に見える。雄は夏になると首周りが黒くなり、雌は模様がない。寒さに強く、渓流や湖、洞窟の近くに巣を作る。人には慣れており、常に群れで行動し集落などで見かけることができる。中国北東部、北西部及びチベット高原で繁殖し、中国中部や南部で冬を過ごす。

Anas strepera

漢名：赤膀鴨（オカヨシガモ）

カモ科　カモ属

体は大きく、約50センチあり、雄と雌とで色が異なる。雄はクロガモとほぼ同じ容姿をしており、頭部も嘴も黒で、腹部は灰色と白の模様があり、次列風切には白い斑点があり、脚は橙色となっている。雄の頭はやや平たく、嘴の両側は橙色となっており、胸部は褐色であり灰色の模様があり、腹部や次列風切は白となっている。広々とした淡水湖や沼地に生息し、小さな群れを作り、警戒心が強い。中国東北部やウイグル西部で繁殖し、中国の長江より南の広い地域、チベット南部にて冬を過ごす。

15

第 1 章 **鳥類**

Anas platyrhynchos

漢名：緑頭鴨（マガモ）

カモ科　カモ属

体は大きく、約 50 センチ。雄と雌では色が異なり、アヒルはこのマガモから馴化したものである。雄の頭部や頭頂部は深緑色で光沢がある。嘴は黄色で、先端部分は黒くなっている。首と胸の境目は白くなっており、胸は黒に近い褐色、腹部は白、尾は短く白くなっており、脚は橙色。雌は褐色に灰色がかった黄色の斑点があり、1 枚のセーターを着ているようにも見える。橙色の嘴には黒の斑点があり、目の周りには黒褐色の横線があり、尾も褐色となっている。主に湖や池などの湿地に生息し、よくオシドリに間違われる。中国北西部と東北部で繁殖し、中国中部や南部、チベット南部で冬を越す。

第1章 鳥類

Anas poecilorhyncha

漢名：斑嘴鴨（カルガモ）

カモ科　カモ属

体は大きく、約60センチ。雄も雌も同じ色だが、雌の方がやや色が淡い。頭部は薄い褐色、頭頂部は褐色、目の部分には黒褐色の横線がある。嘴は黒く、先端だけ黄色になっており、繁殖期になると黄色の先端に黒い点が見えるのが特徴。喉から頬にかけては薄い黄色をしている。体の羽は深い褐色をしており、羽根は緑や白、黄色といった色となっており、全身の羽は扇型をしており、3列風切は白く、脚は珊瑚色となっている。湖や河、海沿いのマングローブに生息し、小さな群れを作り、他のカモ科の群れに混ざる習性がある。休息時には水上の島などに集まる。中国各地に分布する。

Aythya nyroca

漢名：白眼潛鴨（メジロガモ）

カモ科　ハジロ属

体は大きく、約50センチ。雄と雌で色が異なり、一般的にはアカハジロとも言われる。雄の目は白く、嘴は青に近い灰色をしており、頭部、首、胸、両脇は濃い栗色をしており、下尾筒は白く、脚は灰色である。雌は暗い灰色がかった褐色であり、目は褐色である。横から見ると頭部の冠羽は立っている。飛行中には白い羽根の後ろに緑や黒の羽が見える。沼地や淡水湖に生息し、警戒心が強く、群れで行動する。中国ウイグル地区で繁殖し、長江や雲南北西部で冬を過ごす。チベットの東南部で移動中のメジロガモを見ることができる。

Aythya fuligula

漢名：鳳頭潛鴨（キンクロハジロ）

カモ科　ハジロ属

体は大きく、約 50 センチ。雄と雌とで色が異なり、体型はやや平たい。冠羽に特徴があり、弁髪のようなものがある。雄は黒く、腹部と体の側面は白くなっている。尾は短く、黒くなっており、嘴と脚は灰色である。雌は深い褐色をしており、頬に斑点がある。両脇は褐色であり、冠羽は短い。飛行中の次列風切は白く、帯のような形となっている。下尾筒も白くなっている。雌の色は全体的に薄い。雛鳥は雄鳥に似ているが、目は褐色である。湖や奥地の池に生息し、水に潜り餌を捜す。飛行能力が非常に高い。中国北東部で繁殖し、冬になると全国各地を飛び回り、南部で冬を過ごす。

Mergus merganser

漢名：普通秋沙鴨（カワアイサ）

カモ科　ウミアイサ属

体は大きく、約 68 センチ。嘴は細長く、全体的に赤く、先端だけ黒くなっている。繁殖期の雄の頭部と背中は黒緑になり、胸や腹部には白い光沢が見られ、翼は黒褐色となる。雌や繁殖期以外の雄鳥の頭部は褐色であり、額はやや白い。上半身は深い灰色、下半身は浅い灰色をしている。体の羽は茫茫としており、尾はやや長く、脚は赤くなっている。集団行動を好み、湖や流れが急な河に生息し、水に潜り魚を捉え食べる。中国北部で繁殖し、冬になると中国黄河より南に渡り冬を越す。チベット高原の湖に生息する垂直移動を行う
渡り鳥である。

第 1 章　鳥類

Larus ichthyaetus

漢名：漁鷗（オオズグロカモメ）

カモメ科　カモメ属

体は比較的大きく、約 68 センチ。頭部は灰色で嘴付近は黄色となっている。先端部分には黒褐色の斑点があり、目の周りには暗い斑点が見える。頭頂部には深い色の模様がある。体は白く、飛行中の翼の下は全て白く、先端だけ黒褐色となっている。尾の先端も黒くなっている。脚は黄緑色である。繁殖期には羽や頭部は黒褐色となり、嘴の先端は赤くなる。海沿いの砂場や内陸の湖、河などに生息し、魚を捉えるのを得意とし、時に自分より大きい魚も捉える。夏秋はチベット中部や西部、南部で見かける。

Podiceps cristatus

漢名：鳳頭鸊鷉（カンムリカイツブリ）

カイツブリ科　カイツブリ属

体は大きく、約 50 センチ。頭部と頬は白く、嘴が長いのが特徴。薄い褐色である。頭頂部の冠羽は立っており、黒に近い褐色で、それに赤い目を合わせると怒っているようにも見える。首は長く、背中は黒い褐色、腹部は白くなっている。体や翼は褐色の中にトビ色の斑点があり、腹部の近くは白く、脚に近い部分は黒くなっている。繁殖期には背中が栗色になり、たてがみは黒くなる。繁殖期の求愛時にはお互い向き合い、体を伸ばし同時に頭を下げることで求愛をする。植物を咥えてすることもある。中国の北やチベット高原の湖に生息する。

Actitis hypoleucos

漢名：磯鷸（イソシギ）

シギ科　イソシギ属

体は小さく、約20センチで、活発な性格である。嘴は短く、深い灰色となっている。翼は尾に届かない程度である。上半身は褐色、風切の近くは黒くなっている。下半身は白く、胸の両側には褐色の斑点がある。飛行時に白い横線が見え、腰部には白い部分がなく、外側の尾羽にも白がないのが特徴。翼の下には黒や白の横線がある。脚は浅い緑となっている。沿海の砂場や山地、田畑、海抜の高い渓流、河など多くの場所に生息し、歩行時には頭が随時動いている。中国の北やヒマラヤ山脈で繁殖している。

Ibidorhyncha struthersii

漢名：鷸嘴鷸（トキハシゲリ）

トキハシゲリ科　トキハシゲリ属

体は中型、約40センチ。脚と嘴が赤いのが特徴。頭部と目も赤く、目の前と頭頂部は黒い褐色となっており、嘴に近いところは白く、嘴は長く下に向かって曲がっている。胸と腹部は白く、黒い横線により区切られている。翼の下は白く、翼には灰色の斑点がある。脚に近い部分はピンク色となっている。海抜1700～4400メートルの石の多い場所や流れの急な河に生息し、魚やエビ、水中の虫を食べる。中国の北やチベット東南に生息する。

21

第1章 鳥類

Phalacrocorax carbo

漢名：鸕鷀（カワウ）

う科　う属

体は大きく、約90センチ。嘴は厚く長く、黄色となっているが先端部だけ黒くなっているのが特徴。頭頂部は黒く、顔から喉にかけては白くなっている。体や翼は黒く、やや光沢がある。脚も黒い。繁殖期には首や頭部が白くなる。成熟する前は深い褐色、下半身は白くなっている。湖の孤島や沿岸の岬で繁殖を行い、岩の多い場所や木の上に小さい群をつくり生活する。大きめの魚を食べるため、魚を捕るために漁師に飼われることがある。中国長江の北に繁殖し、南で冬を過ごす。

Ardea cinerea

漢名：蒼鷺（アオサギ）

サギ科　サギ属

体は大きく、約92センチ。頭部が灰色、目尻から頭の後ろにかけて黒の模様があり、嘴は厚く、黄緑色となっている。鳥類のキリンとも呼ばれ、両側は灰色、腹部には黒の模様がある。体、背中及び翼の前は灰色で、先端部と後ろは緑がかった黒、胸は白くなっている。脚はやや黄色くなっている。群をつくるのを好まず、浅い水中で捕食を行う。樹の上での生活を好む。中国の大部分に生息し、冬になると北にいるアオサギは南に下りてくる。

Grus nigricollis

漢名：黑頸鶴（オグロヅル）

ツル科　ツル属

体は大きく、高さがあり、約 150 センチ。優雅な容姿をしており、歩く姿がとても穏やかである。雄の頭部や喉、首は黒くなっており、嘴は長く、灰色がかった黄色となっている。目の前と頭頂部はあかく、目尻の方には白い斑点がある。体は白く、初列風切と 3 列風切は黒い。尾は短く、黒色。脚は細長く、黒色。雌と雛の頭部は黄色く、首がやや太く、灰色となっている。沼地や湖の周辺に生息し、主に草食であり、農作物などを餌とする。時々鼠やうさぎを捕食する。チベット高原で繁殖し、中国南西部で冬を越す。

第 1 章　鳥類

Haliaeetus albicilla

漢名：白尾海雕（オジロワシ）

タカ科　オジロワシ属

■ 中国国家Ⅰ級重要保護野生動物

（上図）体は大きく、約85センチ。頭部と胸は浅い褐色、嘴は太く、黄色となっている。体の羽は褐色、翼の下の風切は黒に近く、飛行時には翼の先端に「10本の指」が広げられ、覇気が感じられる。尾は短く、楔形を形成し、白色。足は黄色である。飛行時の翼の動きは遅く、上昇する際には翼を曲げる。魚、カモ、小動物を餌とし、腐肉も食べる。中国北部で繁殖し、南部で冬を越す。チベット東南部でよく見かける。

Aquila chrysaetos

漢名：金雕（イヌワシ）

タカ科　イヌワシ属

■ 中国国家Ⅰ級重要保護野生動物

（右図）体は大きく、約85センチ。威厳のある容姿に鋭い目が特徴。頭部には金色の冠羽があり、嘴はとても大きくほとんどの部分が黄色である。胸や腹部は褐色、体や背は黒に近い褐色、翼も褐色であり、羽はやや緑がかっている。尾が長く、褐色の中に黒い模様がある。脚は黄色く太い。爪は黒くなっている。飛行時、両翼は水平になり、腹部に白い斑模様が見え、翼の両端には「10本の指」があり、尾は扇形となっている。成熟する前は腹部に長い白い模様があり、尾はほとんどの部分が白い。平原や山岳、広い荒野に生息し、野ウサギやマーモットといった小型哺乳類を捕食する。常に上空におり、その滑らかな姿は人々に神々しい印象を与える。中国北部や南西部、ヒマラヤ山脈に多く生息する。

第 1 章 鳥類

Grus nigricollis

漢名：胡兀鷲（ヒゲワシ）

タカ科　ヒゲワシ属

■ 中国国家 I 級重要保護野生動物

体は大きく、約 110 センチ。凶暴な目つきは黄色く光る。頭部は白く、目頭付近には黒の横線と長い髭があり、髭の立派な大将軍にも見える。嘴は太く、黒褐色。首や胸、腹部は黄色に近い褐色であり、背中は褐色の中に白い模様がある。脚は灰色である。飛行時の両翼は真っ直ぐで、尾は長く楔形となっている。腐った動物の骨などを岩に叩きつけ砕いて食べる。中国北部西部や中国の山地、高いところでは海抜 7000 メートルの場所に生息する。

Gyps himalayensis

漢名：高山兀鷲（ヒマラヤハゲワシ）

タカ科　ハゲワシ属

■ 中国国家Ⅱ級重要保護野生動物

体は大きく、約120センチ。姿はハゲ将軍であるという。嘴は太く厚く、頭部や首には白い羽があり、首の後ろには黄褐色の茫茫としている羽がある。背中や翼は黄色に白い模様があり、翼の先端部は黒くなっており、胸や腹部は黄褐色となっている。尾は短く、黒い。脚は灰色。飛行時は首を竦ませ、光の当たり方によると翼に白黒の線が見える。翼を大きく広げ、上昇する。常に上空におり、時折小さな群をつくり腐肉などを食べる。チベット高原や中国西部、中部など海抜の高い場所に生息する。

第 1 章 　**鳥類**

Accipiter nisus

漢名：雀鷹（ハイタカ）

タカ科　タカ属

■　中国国家Ⅱ級重要保護野生動物

体の中型であり、約35センチ。雄雌では色が異なり雌の方がやや大きい。嘴は灰色で短く小さい。脚は黄色く細長く、鋭い。雄の顔は茶色、背や翼は褐色に近い灰色、胸や腹部は白に茶色の模様がついており、尾には横線がある。雌の顔には茶色の部分が少なく、背や翼は褐色、胸や腹部、脚には褐色の模様がついている。飛行時は翼を大きく広げており、尾はやや長く、長方形の形をしている。林や開けた場所を好み、「待ち伏せ」で獲物を捕る。中国の四川やチベット東南部、雲南北部に繁殖し、中国の西南部で冬を越す。

Buteo hemilasius

漢名：大鵟（オオノスリ）

タカ科　ノスリ属
■ 中国国家Ⅱ級重要保護野生動物

体は大きく、約70センチ。頭部は褐色に斑模様があり、嘴は青に近い灰色で分厚い。背や翼は黒褐色をしており、羽は緑、黄、白と茶色があり、鱗状になっている。胸や腹部は茶色で褐色の斑模様がある。尾は長く褐色をしている。脚は太く、黄色。爪は黒くなっている。飛行時の翼の前部は茶色、後部は白に褐色の模様がある。翼全体は緑や黒、褐色と、いった色で、先端部は他のタカ科ほど開けてはおらず、扇形となっている。草原に生息し、凶暴な性格、ウサギやキジなどを捕食する。中国北部やチベット高原東部、南部でよく見かける。

第1章 鳥類

Falco tinnunculus

漢名：紅隼（チョウゲンボウ）

ハヤブサ科　ハヤブサ属

■ 中国国家Ⅱ級重要保護野生動物

体は中型で約33センチあり、猛禽類の中では比較的小さめ。雄雌で色が異なり、嘴は灰色に先端部が黒く、脚は黄色。雄の頭頂部と首から背中は灰色、背中と翼の中心部は赤褐色で黒い斑点が無数にある。胸と腹部は黄色や白で同じく黒褐色の斑模様がある。尾は青に近い灰色で細長く、先端部は黒い。雌の体は大きく、全体的に褐色で斑模様が横に並び、豹のようになっている。開けた野原を好み、枯れ木などで生活をする。獲物を見つけると素早く捕らえる。中国の北東部や北西部、チベット東南部で見かけ、北部にいるチョウゲンボウは冬になると南に降りてくる。

Psittacula derbiana

漢名：大紫胸鸚鵡（オオダルマインコ）

インコ科　インコ属

■ 中国国家Ⅱ級重要保護野生動物

体は大きく、約43センチ。頭部、胸は青に近い灰色、背や翼は緑、喉のあたりに太い黒模様があり、尾は長く青緑色、脚は灰色となっている。雄の嘴は紅色で大きく曲がっており、先端は黄色となっている。目の周りと額には淡い緑で、目頭付近に黒い模様があり、頭頂部と中央尾羽は徐々には青色となっている。雌の嘴は黒く、頭頂部には青色がない。丘陵や山林に生息し、高いところでは海抜4000メートルにもなる。群を成し行動する。局部地域では美しい群での飛行も見れる。チベット東南部や、四川南西部、雲南西部や北西部に分布する。

30

第1章 　鳥類

Grandala coelicolor

漢名：藍大翅鴝（ムラサキツグミ）

ヒタキ科　ツグミ属

体は中型で、約21センチ。雄は体全体が青色をしており、はっきりと見分けがつく。ただし、嘴と目頭付近、翼、尾、脚は黒くなっており、尾は2つに分かれている。雌は大体の部分が灰褐色で、頭部と胸、腹部には白い模様があり、背は深い褐色、翼に近い部分は緑や白の斑点が目立つ。尾の羽は淡い青色をしている。高山の草原や岩肌の見える山地に生息し、尾根や高地などの湿った場所を好み、小さな群をつくり行動する。冬には群で木の上で生活する。チベット高原東部に多く生息する。

Leptopoecile sophiae

漢名：花彩雀鶯（フジイロムシクイ）

ウグイス科　ムシクイ属

体は小さく、約 10 センチ。姿から「怒りの小鳥」とも呼ばれ、色彩が豊かである。冠羽は茶色、眉は黄色や白となっており、目は赤で怒っている様にも見える。嘴は短く鋭く、黒い。脚は灰色がかった褐色である。雄の胸や腰は紫、羽は茫茫としており、尾は青色、目頭付近は黒となっている。雌の色はやや淡く、全体的に黄緑や灰色となっている。腹部はやや青く、胸や腹部は白に近い。竹やぶや低い木が生い茂っている場所に生息し、夏は海抜 4600 メートルの場所で生活し、冬になると 2000 メートルまで下りてくる。中国西部に広く分布する。

第1章 # 鳥類

Perdix hodgsoniae

漢名：高原山鶉（チベットヤマウズラ）

キジ科　ヤマウズラ属

中型の体で、約28センチ。首を伸ばし遠くを見ているとボーリングのピンに見え、勇ましい冠羽がある。眉に綺麗な白い模様があり、嘴は淡い緑色。目の下には黒い斑点が見える。首は栗色、上半身は灰色で黒い模様が横にいくつか伸びている。尾の外側は褐色。胸には黒い鱗状の模様が両側にある。脚は淡い緑褐色。海抜2800〜5200メートルの低い木が生い茂る中の岩場に多く生息し、10羽余りで群をつくり行動する。飛行は不得意で、襲われると四方に飛び散り隠れる。ヒマラヤ山脈やチベット高原でよく見かける渡り鳥である。

Tetraophasis szechenyii

漢名：四川稚鶉（チベットキジシャコ）

キジ科　キジシャコ属

■ 中国国家Ⅰ級重要保護野生動物

体は大きく、約48センチ。ニワトリに似ており、目の周りの赤い色が印象的である。嘴は黒く、胸は灰色で黒の細い模様がある。喉は栗色、胸の下の毛は黒く、やや灰色が混じっている。尾は短く、灰色や黒となっている。足は深い赤色。海抜3000～4600メートルの杉林や低い木の多い場所、山の上の草原などに生息し、尖った鳴き声を出す。刺激を受けると微動だにしなくなったり、山の下に飛び降りる。チベット高原東南部や東部、青海の南部、四川南西部や雲南北西部に広く分布する。

第 1 章　**鳥類**

Crossoptilon harmani

漢名：藏馬雞（シロミミキジ）

キジ科　ミミキジ属

■　中国国家Ⅱ級重要保護野生動物

体は大きく、約 86 センチ。体型は低く逞しい。意気軒昂としており、色彩はさっぱりしている。頭部や目の周りは赤色、嘴はピンクに近く、頭頂部は黒くなっている。喉や耳、後頭部の羽は白くなっている。体の羽は銀に近い灰色、胸の後ろには白い羽の部分がある。両翼は黒に近い。尾は長く、上尾筒は淡い灰色がまばらにあり、曲がっている尾羽の付近には紫の光沢が見れる。足は赤色。小さな群をつくり、チベットの東南部にある海抜 3000 〜 5000 メートルの低い木の多い場所や高山の草原に生息する。

Ithaginis cruentus

漢名：血雉（ベニキジ）

キジ科　ベニキジ属

■ 中国国家Ⅱ級重要保護野生動物

体は大きく、約46センチ。雄は色のついたニワトリと似ている。目の周りにある皮は赤く、その周りは橙色をしている。嘴は黒く、背も黒く、首は白い。上半身には灰色の細い羽が白い模様をつくっており、下半身は緑色である。胸には赤い細い模様がある。尾は短く、主に赤色である。脚は赤色。雌の色は全体的に暗く、ほとんど一色。胸は黄色。海抜3200～4700メートルの針葉樹林やツンドラ地帯の森林に生息し、小さな群をつくり捕食する。ヒマラヤ山脈や中国中部、チベット高原の代表的な渡り鳥である。

第1章 **鳥類**

Cuculus canorus

漢名：大杜鵑（カッコウ）

カッコウ科　カッコウ属

体は中型で、約32センチ。頭部と目の周りは黄色く、嘴は短く小さく、上は深い色、下は黄色である。上半身は灰色で、尾はやや黒い。腹部は白に近い色をしており、黒の斑模様があり、脚は黄色。図は赤茶色の変異型である雄であり、背には黒の斑模様がある。開けた森林や広い草原を好み、鳴き声は典型的な「カッコウ」。毛虫などを捕食する。時々高い木に止まり、他の巣にある卵を探し、自らの卵として育てることがある。中国の広い地域で見れる。

Columba hodgsonii

漢名：點斑林鴿（ゴマフバト）

ハト科　ハト属

体は中型で、約 38 センチ、やや太い。全体的に灰褐色で、頭は灰色、嘴は赤く、胸はピンクに近い赤である。首の両側は白く、褐色の斑点がある。背は灰色で、両翼は黒褐色。下半身は灰色で、尾は短く、黒褐色である。脚は短く、黄緑色、爪は黄色。小さな群で行動し、木の多い海抜 1800 〜 3300 メートルの場所の断崖近くの森林に生息する。チベット東南部や雲南、四川などで多く見かける。

第1章 鳥類

Columba leuconota

漢名：雪鴿（ユキバト）

ハト科　ハト属

体は中型で、約35センチ。姿形はハトと似ている。頭部と嘴は深い灰色である。首や胸、下半身は白く、背は褐色がかった灰色、腹部は黒い。翼は灰色で、中と後部には2本の黒い横線があり、尾は黒く、先端は尖っており、灰色である。尾は短く、黒色であり、中間部に白い線がある。脚は浅い赤色、爪は黒い。ペアや小さな群で行動し、高山や断崖、雪原の上空などを飛ぶ。求愛時にはよく鳴く。ヒマラヤ山脈や海抜3000〜5000メートルの湿った地域、中国西部に生息する。

Garrulus glandarius

漢名：松鴉（カケス）

カラス科　カケス属

体は中型で、約35センチ。頭部や胸は茶色、頭部は滑らかであるため「山坊主」と呼ばれる。嘴は黒く、目の下には黒い斑模様がある。翼は黒く、外側に黒や青の埋め込みのようなものがある。腰は白い。尾は長く、黒褐色。脚は茶色。飛行時の両翼は丸い。落ち着きがなく、落ち葉の多い林や森林を好み、果実や鳥の卵、動物の死体、ドングリなどを食べる。中国の広い地域に生息する。

第1章　**鳥類**

Urocissa flavirostris

漢名：黄嘴藍鵲（キバシサンジャク）

カラス科　カササギ属

体は大きく、尾の長さを合わせると約69センチ。色は鮮やかで尾が長いのが特徴。林間を飛び舞う姿は青い鳳凰のようでもある。頭頂部は黒く、首の後ろには白い斑点があり、嘴は黄色。体や翼は青に近い灰色、腹部は白い。尾は細長く、身体の2倍もあり、深い青灰色、先端は白くなっている。脚は黄色。主に単体で行動し、海抜1800〜3300メートルの開けた森や果園を好み、時々小さい群をつくり行動する。中国南西部やチベット東南部に分布する。

Upupa epops

漢名：戴勝（ヤツガシラ）

ヤツガシラ科　ヤツガシラ属

体は中型で、約30センチ。その色彩と形態は鳥類の中でも特別であり、とくに目を引きつける。嘴は黒く、細長く、やはや下に向かって湾曲しており、鋭く尖っている。冠羽は立っており、普段はしまわれており、茶色で、末端は黒くなっている。危険を感じるとその冠羽は開かれ、扇状となる。頭部、背、肩及び下半身は茶色、両翼と尾には白黒の模様がある。脚は黒い。活発な性格で、飛び跳ねながら歩く。開けた土地を好み、長い嘴で地面を掘り昆虫などを捕食する。中国の広い地域で見られ、高いところでは海抜4000 mにも及ぶ。

Pica pica

漢名：喜鵲（カササギ）

カラス科　カササギ属

体は中型で、約45センチ。頭部と胸ら黒く、腹部は白い。嘴は短く、黒くなっている。翼の後部と尾には金属みたいな光沢が見られる。尾は長細く、黒い。足も黒くなっている。非常に賑やかであり、鳴き声はやや太く、「ザーザー」鳴き、識別しやすい。適応力が高く、中国北部の農地も都会のビルにも住み、小さな群で行動する。巣は雑に積まれた枝などで丸く作られる。雑食である。中国の広い地域、主に北部に生息する。人々はカササギを幸運の象徴とし、捕獲や殺生を禁じている。

第1章 鳥類

Pericrocotus ethologus

漢名：長尾山椒鳥（オナガベニサンショウクイ）

カラス科　サンショウクイ属

体は小さく、約20センチ。雄と雌では色が異なる。雄の頭部は黒く、胸や腹部は赤く、目を引きつける。背の上部は黒く、下は赤い。翼は黒く、外側には長い赤の模様がある。尾は長く、赤や黒が混ざっている。脚は黒い。雌は全体的に黄色で、頭部と背の一部が灰色。群での生活を好み、開けた高い木がある場所や常緑樹などに生息する。中国中部や南西部、チベット東南部でよく見かける。

Carduelis thibetana

漢名：藏黄雀（チベットヒワ）

スズメ科　カナリア属

体は小さく、約12センチ。カナリアと似ており、雄の頭頂部と背は緑、嘴は太くピンク色から灰色となっている。目の下、喉、胸と腹部は黄色。翼の前部は黄緑、翼の先端と縁は緑に近い黒褐色。尾は短く、黄色で、先端と縁は黒褐色。脚は褐色。雌は暗い緑で多くの黒模様があり、肩の近くは白い。群をつくり海抜2800〜4000メートルの林で生活し、木の上で捕食を行う。中国南西部やチベット南部、東南部に分布する。

44

Dendrocopos major

漢名：大斑啄木鳥（アカゲラ）

キツツキ科　キツツキ属

体は中型で、約24センチ。嘴は長く、灰色。頭頂部は黒く、頬付近は白い。雄の後頭部には赤色の模様があるが、雌にはない。尻部は赤くなっており、胸は白く黒い模様がある。背は黒く、翼も黒く斜めに斑模様が入っている。翼の中部には白い斑がある。足は灰色。尾は長く、黒く、先端は燕のように2つに分かれている。鳴き声は尖っている。木の穴に巣を作り、木の皮を捲り幼虫などを食べる。アカゲラは中国で最も分布の広いキツツキ科の種類であり、温帯の森林や農作区、都会の公園などで見かける。

Picoides tridactylus

漢名：三趾啄木鳥（ミユビゲラ）

キツツキ科　キツツキ属

体は中型で、約22センチ。全体的に黒く、白い斑模様がある。頭頂部は黒く、白い斑点があり、嘴は短く黒い。頬の下と目の上は白くなっている。背の上と中部は白く、胸や腹部は黒褐色に白い斑点がある。翼は黒く、先端に近いところには白い斑点がある。脚は灰色で、3本の指がある。海抜2000〜4300メートルの針葉樹林や混交林、北部の森林に生息し、樹液を食べる。中国北東部や西部、チベット東南部で見かける。

45

第1章　鳥類

Dryocopus martius

漢名：黑啄木鳥（クマゲラ）

キツツキ科　クマゲラ属

キツツキ科の種類の中では大型であり、約46センチ。体は全体的に黒い。嘴は長く、黄色く、背面は灰色となっている。目は光っており、脚は灰色。雄の冠羽は赤く、雌は後頭部だけが赤く、赤い帽子を被っているようにも見え、とてもアニメチックである。飛行時は不安定だが、他のキツツキ科ほどではない。蟻を主食とし、大きな穴を掘り捕食する。高山の針葉樹林に生息する。青海、チベット東部、甘粛や四川、雲南北西部でよく見かける。

Picus canus

漢名：灰頭綠啄木鳥（ヤマゲラ）

キツツキ科　ヤマゲラ属

体は中型で、約27センチ。体は主に緑色で、下半身は灰色に少し緑が混ざっている。頬と喉は灰色、翼の外側は褐色で長い白い斑模様があり、尾は長く、前半分は黄緑色、後半分は黒褐色に白い模様がある。脚は灰色。雄の冠羽は赤く、目の前と頬には黒い模様があり、後頭部と尾は黒い。嘴は長く鋭く、やや太い。雌の冠羽は灰色で赤い部分がない。嘴はやや短い。非常におとなしく、小さい林や集落などで生活し、時々地面に降りて蟻を捕食する。中国の各地に広く分布する。

Pyrrhocorax pyrrhocorax

漢名：紅嘴山鴉（ベニハシガラス）

カラス科　ベニハシガラス属

体は中型で、約45センチ。体は黒く、カラスと似ている。嘴は小さく、下に湾曲しており赤いのが最大の特徴。脚は赤い。飛行が得意で滑るように飛ぶ。先端の羽は猛禽類のように開けている。小さい群で行動し、林や農地周辺に生息する。中国北部や西部、チベット高原に生息する。

Pyrrhocorax graculus

漢名：黄嘴山鴉（キバシガラス）

カラス科　ベニハシガラス属

体は中型で、約38センチ。ベニハシガラスと似ており、全身が黒く光っている。嘴は短く黄色となっており、脚は赤い。飛行時の尾は丸く、通常は尾が長くなっており、翼の後ろまで伸びている。通常は大きな群で行動し、海抜の高い熱気流の多い場所に生息する。中国西部や中部、チベット高原に分布する。

第 1 章　**鳥類**

Streptopelia orientalis

漢名：山斑鳩（キジバト）

ハト科　キジバト属

体は中型、約 32 センチでややピンク色のキジバト。頭、嘴は灰色で、首の両側には白黒の模様が交互にある。翼は黒褐色や緑、茶色と様々で、豹の模様のようになっている。背は灰色で、腹部はややピンク色。尾の近くは黒く、先端は浅い灰色。脚は赤ピンクである。主に 2 羽で生活し、開けた農地や村、寺院周辺などで捕食をする。チベット南部から北部の広い地域に分布する。

Lanius　tephronotus

漢名：灰背伯勞（チベットモズ）

モズ科　モズ属

体はやや小さく、約 25 センチ。頭頂部は灰色、目の周りには黒い帯状の模様があり、嘴は黒く、喉は白い。背と翼は深い灰色で、翼の先端は黒褐色となっており、胸や腹部は淡い茶色となっている。尾は細長く、黒褐色。脚は黒となっている。林や開けた地を好み、海抜 4500 メートルまでの場所に生息する。凶暴な性格で、バッタやトカゲ、カエルなどの小動物を食べる。ヒマラヤ山脈から中国南部や西部に分布している。

Corvus corax

漢名：渡鴉（ワタリガラス）

カラス科　カラス属

体は大きく、約66センチ。全体が黒く、冷酷な雰囲気を感じる。嘴は太く厚く、上嘴の多くが羽に覆われている。頭頂部は平たく、喉にも羽がある。翼を広げると長い「翼指」があり、翼の前の面には紫色の光沢が見える。尾は短く、楔型となっている。脚は黒い。2羽か小さな群で活動し、力強く飛び、気流に乗って飛び回る。他の猛禽類に攻撃をする。中国北部や西部、チベット高原の開けた山に分布する。

Nucifraga caryocatactes

漢名：星鴉（ホシガラス）

カラス科　ホシガラス属

体は中型で、約33センチ。頭部は深い褐色で、頬には白い斑模様があり、嘴は黒く平たい。首や胸は黒褐色で白い斑点がある。背は黒褐色で、尾付近は白くなっている。尾は短く、深い褐色である。脚は黒い。単独行動や2羽の行動を好み、稀に小さい群をつくる。松林で松ぼっくりなどを主食とし、果実などを埋めて冬への蓄えを行う。中国北部や西部、チベット高原に分布する。

第1章 鳥類

Corvus macrorhynchos

漢名：大嘴烏鴉（ハシブトガラス）

カラス科　カラス属

体は大きく、約50センチ。ワタリガラスとよく似ているが、頭頂部は更に丸い。嘴は太く厚い。背はやや光っており、淡い青紫色に見える。尾は短く、先端は平たい。脚は黒い。2羽で生活をし、村の周辺に生息し、雑食である。ゴミを漁る。中国の北西部を除く広い地域に分布する。

Rhipidura hypoxantha

漢名：黄腹扇尾鶲（キバラオウギビタキ）

カラス科　オウギビタキ属

体は小さく、約12センチ。雄の嘴は黒褐色。額や眉、下半身は黄色く、目の周りは黒褐色であり、パンダの目に似ている。頭頂部と背は灰色がかった黄緑色。翼の中部には白い模様があり、翼の先端まで伸びており、褐色と変わっている。尾は扇型で常に開いており、上を向いている。チベット東南部や四川南部、雲南北西部に分布する。

Zoothera mollissima

漢名：光背地鶇（セアカトラツグミ）

ツグミ科　ジツグミ属

体は中型で、約26センチ。頭部は褐色で、目の周りは目立つ黄色、嘴は黒褐色。背や翼は深い褐色、外側の羽は白に近い。胸や腹部は褐色で白い斑点があり、魚の鱗状になっている。尾は短く、深い褐色。脚はピンク色。林の近くの岩場に生息し、警戒心が強く、人前にはあまり出てこない。四川南西部や雲南北西部、チベット南部などに分布する。

Turdus albocinctus

漢名：白頸鶇（シロエリツグミ）

ツグミ科　ツグミ属

体は中型で、約27センチ。首と胸の上は白く、その他の部分は全て黒く、カラスとよく似ている。雄と雌は似ているが、雌は色が暗く、褐色がやや濃い。目の周りは黄色く、嘴も黄色、脚は黄褐色で、尾はやや長い。高山の緑針葉樹林やツツジが多い場所に生息し、普段は単独か2羽で行動をする。地面や木の上で捕食する。あまり人前には出ないため滅多に見れない。チベット南部や東部、四川西部に分布する。

第 1 章 鳥類

Turdus maximus

漢名：藏鶇（チベットクロウタドリ）

ツグミ科　ツグミ属

体は中型で、約 30 センチ。雄は全体的に黒く、キバシガラスと似ており、嘴はオレンジだが、目の周りの黄色模様はなく、脚は黒い。雌の上半身は黒褐色、下半身は深い褐色、嘴は暗い黄色から黒に変わる模様となっている。脚は褐色。海抜 4000 メートル付近の高原に生息し、落ち葉の中から無脊椎動物などの虫を捕食する。冬は果実を食べる。チベットでよく見かける。

Ficedula hodgsonii

漢名：銹胸藍（姫）鶲（セアオビタキ）

ヒタキ科　ヒタキ属

体は小さく、約 13 センチ。雄と雌では色が異なる。雄は嘴が短く黒い。目の周りには黒模様がある。頭頂部と背、翼の前部は青色、翼は尖っており、黒褐色。喉、胸はオレンジに近い褐色で、腹部は黄色に近い白となっている。尾は長く、黒く、尾羽の外側には白い白い部分がある。脚は深い褐色。雌は灰色に近い褐色で、目の周りは黄色くなっており、下半身の色は薄い。静かな場所を好み、海抜 2400 〜 4300 メートルの密林に生息する。中国西部やチベット東南部に分布する。

Ficedula strophiata

漢名：橙胸（姫）鶲（ノドグロヒタキ）

ヒタキ科　ヒタキ属

体は小さく、約14センチ。雄は嘴が小さく、黒い。冠羽はバサバサしており、黒に近い灰色。目の上に白い模様があり、顔の紫色は胸の上まで伸びている。首と胸の交わりは赤く、背と翼は灰色となっている。尾は白と黒となっている。脚は褐色。雌は雄と似ているが、模様が小さく色が浅い。カシミールやヒマラヤ山脈から中国南部、ベトナムにかけて生息する。東南アジアで冬を過ごす。臆病で、海抜1000～3000メートルの密林や低い木のある場所に生息する。中国中部や南西部、チベットに分布する。

Luscinia pectoralis

漢名：黒胸歌鴝（ムナグロノゴマ）

ヒタキ科　コルリ属

体は小さく、約15センチ。雄と雌で色が異なる。雄は気品があり鳴き声は高い。頭頂部は灰色、目の上下には白い模様があり、嘴は細く黒色。喉は赤く、顔と胸は青に近い灰色。背や翼は灰色、腹部は白に近い。尾は長く、黒褐色。脚は茶色に近い黒。雌は濃い褐色をしており、喉は白く、胸は灰色。夏は高山の林や低い木の多い場所に生息し、冬になると海抜の低い場所に降りる。普段の木の枝に止まり、尾は立たせて鳴いている。中国中部や西部、南西部、チベット東南部に分布する。

第1章　鳥類

Tarsiger cyanurus

漢名：紅脅藍尾鴝（ルリビタキ）

ヒタキ科　ヒタキ属

体は小さく、約14センチ。雄と雌は色が異なるが、両脇に同じ黄色の部分があるのが特徴。雄の嘴は細く短く、黒く、眉には白い模様がある。背や翼は青く、腹部は白く、尾は青くなっている。脚は灰色。雌は主に褐色であり、腹部は白い。湿度の高い森林や2次林などに生息する。中国の広い地域で見かける。

Phoenicurus schisticeps

漢名：白喉紅尾鴝（ノドジロジョウビタキ）

ヒタキ科　ジョウビタキ属

体は小さく、約15センチ。雄は鮮やかな色をしており、頭頂部は金属のような青をしており、嘴は黒く、喉には白い模様がある。頬と背、翼は黒い部分が多く、翼の中心部には長い模様があり、胸と腹部は橙色となっている。尾は長く、黒い。脚も黒くなっている。雌の頭頂部と背は褐色で、目の周りは黄色くなっている。喉と翼に白い部分が見えるのが雄の特徴である。夏は単独行動か2羽での行動で、高山の針葉樹林や密林に生息し、冬には低地の集落などに生息する。中国中部やチベット高原に分布する。

Phoenicurus erythrogaster

漢名：紅腹紅尾鴝（シロガシラジョウビタキ）

ヒタキ科　ジョウビタキ属

体は小さく、約 18 センチ。雄は鮮やかな色をしており、頭頂部が白く、嘴は細く短く、黒く光っている。頬や背、翼の前は黒くなっており、翼の中心部には大きな白い部分があり、胸と腹部は赤褐色である。尾は短く、脚は黒い。雌の体は灰色と黄色になっており、翼は模様のない黒褐色。尾は淡い栗色である。海抜 3000 〜 5500 メートルの開けた岩の多い高山に生息し、警戒心が強く、単独での生活を好む。時々、動物の死体をあさり、昆虫を捕食する。耐寒性が強い。中国西部や北西部、南西部、チベット東南部に分布している。

Phoenicurus auroreus

漢名：北紅尾鴝（ジョウビタキ）

ヒタキ科　ジョウビタキ属

体は小さく、約 15 センチ。雄はシロガシラジョウビタキと似ているが、頭頂部は白ではなく、灰色となっている。嘴は細く短く黒い。目の前、頭部の側面、喉、背と翼は黒く、翼の白い斑点は鮮明で、腹部は赤く、やや暗い色となっている。尾は長く、背は黒褐色、両側は赤褐色となっている。脚は黒い。雌は褐色で、翼の白い斑点が特徴的。尾の付け根は茶色。虹彩は褐色。嘴は黒。脚は黒。夏は高山の森林や低い森林、林間の空き地に生息し、冬は低地の針葉樹林や農地などに生息する。中国北部や中部、南西部、チベット東南部に分布する。

第 1 章 **鳥類**

Phoenicurus frontalis

漢名：藍額紅尾鴝（ルリビタイジョウビタキ）

ヒタキ科　ジョウビタキ属

体は小さく、約16センチ。雄の頭部は深い青色で、嘴は細く短く、黒く光っている。首、背、翼の前は暗い青に褐色の模様が混ざっており、翼の中心部から先端までは黒褐色、翼の縁は黄色に近い白になっている。腹部、尻、背、尾は褐色。脚は黒。雌は全体的に灰色に近い褐色で、目の周りは白い。灌木林に生息し、単独行動を好む。尾は上下に動く。昆虫や木の実などを食べる。中国中部や南西部、チベット高原に分布する。

Chaimarrornis leucocephalus

漢名：白頂溪鴝（シロボウシカワビタキ）

ヒタキ科　カワビタキ属

体は中型で、約 20 センチ。天性の美貌も持ち、雄と雌は同色。夏は体のほとんどが灰色になり、頬は黒く、尾は赤褐色。秋冬は頭頂部が白く、嘴、頬、喉、胸、背と翼は黒く、腹部と尾は赤褐色であり、尾の先端は黒褐色である。脚は黒。山の間の渓流や河に生息し、常に水の中や水中にある石に立ち、尾は上に向けている。繁殖期には海抜 4000 mほどの高い場所に行き、冬になると下流に下りてくる。中国全土で見られる。

Rhyacornis fuliginosus

漢名：紅尾水鴝（カワビタキ）

ヒタキ科　カワビタキ属

体は小さく、約 14 センチ。雄と雌では色が異なる。雄は尾の付け根と尾が褐色で、それ以外の部分は全て深い青くなっており、嘴は黒、脚は褐色、尾は扇状に開かれる。雌は体が灰色、目の周りは白い。翼は黒褐色で、胸と腹部は白に灰色の斑点がある。尾はほとんど白い。海抜 1000 〜 4300 メートルの流れの急な渓流に生息し、縄張り意識が強く、尾を弾ませながら歩く。中国中部とチベット高原に分布している。

第1章 **鳥類**

Sitta nagaensis

漢名：栗臀䴓（ミナミゴジュウカラ）

ゴジュウカラ科　ゴジュウカラ属

体は小さく、約13センチ。小さめのキツツキにも似ている。木に登るのを得意とし、木の側面で倒立状態になれる。嘴は細く鋭いが短く、黒い。頭頂部や首、背、翼のほとんどが浅い灰色で、目の周りには黒い模様があり、背まで伸びている。背の下部は栗色。尾は短く、裏側は灰色、表は深い茶色となっている。両側には白い鱗状の線がある。脚は灰色に近い褐色。リスのようにドングリを食べ、土に埋めて冬への蓄えにすることもある。中国東南部や南西部、チベット東南部に分布する。

Tichodroma muraria

漢名：紅翅旋壁雀（カベバシリ）

ゴジュウカラ科　カベバシリ属

体は小さく、約16センチ。少林寺拳法の壁走りの原型とも言われる。頭頂部と背は浅い灰色、嘴は細長く、黒く、喉は白い。胸と腹部は深い灰色で翼には赤い模様があり、飛行時にとても目立つ。翼の先端は黒くなっている。尾は短く、黒褐色に白い模様がある。脚は黒い。断崖などに登り、両翼をやや開き歩く。夏はチベット高原で、冬は中国南部の広い地域で見られる。

Mycerobas carnipes

漢名：白斑翅擬蠟嘴雀（ハジロクロシメ）

アトリ科　シメ属

体は中型で、約23センチ。雄の頭部も胸、背が黒く、嘴は厚く、灰色である。腹部と腰は黄色で、翼は黒く、中心部には黄色の斑があり、縁には白い斑が鮮やかについている。尾は長く黒色、脚は褐色である。雌は雄に似ているが、やや灰色に近く、頬や胸には不規則に浅い色の模様があり、翼はほとんどが黄色く、縁だけ白い斑点がある。海抜2800～4600メートルの林沿いの杉や松の木に生息し、木の実を食べる。中国西部や中部、南西部、チベット高原に分布する。

Emberiza godlewskii

漢名：戈氏巖鵐（ヒゲホオジロ）

ホオジロ科　ホオジロ属

体は小さく、約17センチ。頭部や喉、胸の上は灰色で、頭頂部には褐色の模様があり、目の前には黒い線が入っており、後ろには黄褐色の線が入っている。目の下にも黒い線があり、嘴と接している。嘴は短く、灰色。背は黄褐色で黒の模様があり、翼は黒褐色、縁は黄褐色。胸の下と腹部も黄褐色。尾は長く黒褐色、脚は褐色。雌は雄に似ているが、色が薄い。乾いた岩場や農作地に生息し、植物の種を食べる。中国西部やチベット東南部に分布する。

第1章 鳥類

Certhia familiaris

漢名：旋木雀（キバシリ）

キバシリ科　キバシリ属

体は小さく、約13センチ。体の色は疎らで、乱れている。頭頂部は黒く褐色の斑模様があり、嘴は下に湾曲しており鋭く、褐色。頬は白、目の後ろには黒の斑がある。喉と胸、腹部は白く、背は褐色に白い模様が入っている。翼の前部は黒褐色に白の斑が不規則にある。尾は短く、褐色。中国北部や中部、チベット東南部の広葉樹林や針葉樹林に生息する。

Troglodytes troglodytes

漢名：鷦鷯（ミソサザイ）

ミソサザイ科　ミソサザイ属

（下図）体が非常に小さく、約10センチ。その姿は松ぼっくりにも似ていると言われる。嘴は長く鋭く、黒褐色となっている。頭部は褐色に白い毛が生えている。背と翼は茶色に細短い褐色の線があり、翼の縁には少し白い斑点がある。尾は短く、褐色で、上に向いている。脚はやや長く、褐色である。針葉樹林に生息する。飛び跳ねるように歩き、尾が弾むのが特徴。時折、短い距離を飛行する。中国の広い地域に生息し、冬になると中国東部や南部に集まる。

Parus palustris

漢名：沼澤山雀（ハシブトガラ）

シジュウカラ科　シジュウカラ属

体は小さく、約12センチ。見た目は決して綺麗とは言えないほどである。嘴は短く、黒褐色。頭頂部と喉は黒く、目の下は白い。上半身は灰色、翼は深い灰色で模様はない。下半身の中央部は白く、斑点も模様もない。カシ林を好み、河辺や果樹園に生息し、木の実を食べる。中国南部以外の広い地域に分布する。

Parus rubidiventris

漢名：黒冠山雀（カンムリシジュウカラ）

シジュウカラ科　シジュウカラ属

体は小さく、約12センチ。頭部には黒い冠羽があり、嘴は細短く黒い。頬は白く、首や背の中心部には白の模様がある。喉には黒い帯状の模様がある。背や胸、腹部は灰色く、尾の付け根は茶色となっている。翼は黒褐色、縁は白く、白黒の線が入っている。脚は青っぽい灰色。2羽か小さな群での行動を好み、カシ林に生息し、昆虫を捕食する。中国中西部やチベット高原に分布する。

第1章 鳥類

Parus dichrous

漢名：褐冠山雀（キバラシジュウカラ）

シジュウカラ科　シジュウカラ属

体は小さく、約12センチ。容姿はカンムリシジュウカラと似ているが、頭部は褐色で、冠羽が目立ち灰色となっている。嘴は細短く、黒に近い色をしており、背と翼は暗い灰色で斑模様はない。胸と腹部ら淡い茶色。尾は短く、灰色となっている。脚は青がかった灰色。海抜2480～4000メートルの針葉樹林に生息し、林の中に身を隠し、警戒心が強いため静かである。2羽や小さな群で行動する。中国中西部やチベット高原に分布する。

Delichon dasypus

漢名：煙腹毛脚燕（イワツバメ）

ツバメ科　イワツバメ属

体は小さく、約13センチ。小さく平たい。頭部は黒く、頭頂部は黒く光っている。嘴は小さく、黒くなっている。喉と胸、腹部は白く、背と翼はは青に近い黒。翼の縁は灰色に近い褐色。飛行時には真っ白の腰が見え、尾はやや2つに分かれており、黒褐色である。脚は赤く、ほとんどの部分に白い羽がついている。単独行動や小さな群で行動し、他のツバメより空中にいる時間が長く、空を飛んでいるのをよく見かける。中国中東部や南部、チベット高原に分布する。

Parus major

漢名：大山雀（シジュウカラ）

シジュウカラ科　シジュウカラ属

体は小さく、約 14 センチ。単調な色合いをしている。頭頂部と喉は黒く、顔の側面は白く、首や背には小さい白の斑点がある。背の上には黄緑の斑点があり、その他の部分は灰色。喉の黒い部分は胸まで伸び、胸で細い線へと変わっており、更に腹部まで伸びている。翼は灰色に近い褐色で、目立つ白い模様がある。2 羽か小さな群で行動し、林園や開けた林に生息する。活発な性格で、枝や地面で飛び跳ねているのをよく見かける。中国全土に分布する。

Hypsipetes leucocephalus

漢名：黒（短脚）鵯（シロガシラクロヒヨドリ）

ヒヨドリ科　ヒヨドリ属

体は中型で、約 20 センチ。細く、弱々しく見える。頭は黒く、爆発しているような"髪の毛"があるのが特徴。嘴や脚、目は赤色。背や胸、翼の前部は青黒く、縁は黒褐色。尾も黒褐色であり、先端部は分かれている。体には純白の部分があり、図とは少し異なる。木の実や昆虫を食べる。季節ごとに移動をし、冬には大きな群で亜熱帯付近に移動する。中国の広い地域とチベット東南部でよく見かける。

第1章 鳥類

Cettia major

漢名：大樹鶯（チャガシラウグイス）

ウグイス科　ウグイス属

体は小さく、約13センチ。頭頂部は茶色で、バサバサしている。目の上には白い眉があり、嘴は短く、暗い褐色で、やや黄色い部分もある。背と翼は深い灰褐色で、翼の縁には黄褐色の帯状の模様があり、胸と腹部ら浅い灰色から白に変わっている。尾は長く、深い灰色である。脚は赤い。灌木林や林の下に生息し、稀に見かけることができる。中国南西部やチベット高原に分布する。

Phylloscopus pulcher

漢名：橙斑翅柳鶯（アカバネムシクイ）

ウグイス科　ウグイス属

体は小さく、約12センチ。頭頂部は灰色、黄緑の斑模様がある。嘴は細く、黒褐色になっており、目の上に黄緑の太めの眉模様がある。背や翼は褐色で、翼の前部には鮮やかな黄色の斑模様があり、縁は緑や黒に近い褐色。腹部は淡い黄緑色。脚はピンクや褐色といった色となっている。海抜2000～4000メートルの針葉樹林やツツジ林に生息し、活発な性格。中国中部、チベット南部から東南部に分布し、冬は海抜の低い南に下りていく。

Garrulax maximus

漢名：大噪鶥（オオシロボシガビチョウ）

ウグイス科　ガビチョウ属

体は中型で、約34センチ。頭頂部と首は深い灰褐色で、嘴は長く、黒褐色である。眼の上は黄褐色で、下には栗色の斑点が喉まである。背や翼は褐色に明るい白い斑点と黒褐色の斑点がある。翼の外縁は黒褐色で、胸は淡い灰褐色に黒褐色の斑点がある。尾は長く、灰褐色。脚はピンク色。海抜2100〜4100メートルの山地に生息し、恥ずかしがり屋である。中国中部からチベット東南部に分布する。

Phylloscopus affinis

漢名：黄腹柳鶯（キバラムシクイ）

ウグイス科　ウグイス属

体は小さく、約10センチで、やや丸い。頭頂部と背は灰色に近い緑で、眼の上には太い黄色の眉があり、嘴は細く短く、上は褐色、下は黄色となっている。胸と腹部は黄緑、羽は荒く、翼は黒褐色で、緑色の羽で模様ができている。尾は長く、黒褐色で、先端が丸いのが特徴。脚は黒い。海抜2700〜5000メートルの潅木林や岩の多い谷に生息し、動きが俊敏であり、冬になると小さな群をつくる。中国中部や西南部、チベット東南部に分布する。

第 1 章　鳥類

Garrulax henrici

漢名：灰腹噪鶥（シラヒゲガビチョウ）

ウグイス科　ガビチョウ属

体は中型で、約 26 センチ。全体的に灰色で褐色の斑点がある。頭部の側面は茶褐色で、その下は白い模様となっている。嘴は短く、オレンジ色である。翼の先端と尾は青に近い灰色となっている。臀部は栗色。脚はピンク。2 羽もしくは小さい群で生活する。海抜 2800 ～ 4600 メートルの森林や潅木林などに生息し、ベリー系を食べる。チベット南部や東南部に分布する。

Garrulax affinis

漢名：黒頂噪鶥（キンバネガビチョウ）

ウグイス科　ガビチョウ属

体は中型で、約 26 センチ。頭部は黒く、頭部はやや青い。眼の下には白い斑点があり、首の側面には弧状の模様があり、背と胸は黄褐色。羽の縁には黄色の模様がある。翼と尾羽には黄色の帯状の模様があり、縁はやや灰色となっている。脚は薄い赤褐色。爪は灰色で、フックのようになっている。海抜 1500 ～ 4500 メートルの混合林やツツジ林に生息し、林の中に身を隠す。果実を食べる。秋冬に一番見れる。中国西部や西南部、チベット東南部に分布する。

Babax waddelli

漢名：大草鶥（オオヒゲチメドリ）

ウグイス科　チメドリ属

体は中型で、約 31 センチ。頭部は黒く、白い斑があり、嘴は大きく下に向かって曲がっており、黒い。首には白の羽が鱗のようにあり、背と胸、腹部は褐色で白い羽が多くある。翼は黒褐色で、縁は白い。尾は長く、黒褐色。脚は黒に近い。5、6 羽で群をつくり行動し、海抜 2700 ～ 4570 メートルの潅木林に生息し、落ち葉の間で食べ物を探す。チベット南部と東南部に分布する。

Alcippe striaticollis

漢名：高山雀鶥（ノドジロチメドリ）

ウグイス科　チメドリ属

体は小さく、約 12 センチ。頭部は灰褐色で、額は少し出ている。嘴は細短く、褐色。眼は白く、眼の前は黒褐色、喉付近は白く、褐色の模様がある。上体は灰褐色、下は浅い灰色で、翼は褐色で、羽の縁は浅い色をしている。尾は長く、褐色である。脚は褐色。海抜 2200 ～ 4300 メートルの山地の潅木林などに小さな群で行動する。チベット東南部に分布する。

67

第 1 章 鳥類

Passer montanus

漢名：(樹) 麻雀 (スズメ)

ウグイス科　スズメ属

体は小さく、約14センチ。頭頂部と首は褐色、背には白いリング模様があり、嘴は黒色で太く厚い。背と翼の前部には黒褐色の斑点があり、翼の中部には白い斜め模様がある。翼の先端部は黒褐色で、胸と腹部は白から灰色となっている。脚はピンクを含む褐色。街などにいるスズメと違い、山スズメは頬と喉の黒い斑点が少ない。木々の多い場所や、集落や農地に生息し、群れで行動する。作物などを食べる。中国各地に分布する。

Alauda gulgula

漢名：小雲雀 (タイワンヒバリ)

ヒバリ科　ヒバリ属

体は小さく、約15センチ。体の色は斑模様であり、頭頂には冠羽がある。嘴は太く厚く、浅い灰色。眼の上には浅い色の眉模様がある。冠羽と胸、背、翼は黒褐色で、黄色の模様があり、腹部は白い。尾はやや短く、黒褐色。脚はピンク色。雑草のある開けた土地に生息し、木には登らない。中国の南部とチベット東南部に分布する。

Motacilla alba

漢名：白鶺鴒（タイリクハクセキレイ）

セキレイ科　セキレイ属

体は中型で、約22センチ。体は黒白一色。頭頂から喉、首、背までは黒く、嘴は黒く細く短い。翼の前部は黒く、縁の近くは白く、腹部も白。尾は長く、黒く、縁は白い。脚は黒色。水辺の開けた土地や、稲田、渓谷や道路に生息し、刺激を受けると鳴きながら飛び出し、尾を上下に動かす。中国の広い地域で見かける。

Anthus hodgsoni

漢名：樹鷚（ビンズイ）

セキレイ科　ビンズイ属

体は小さく、約15センチ。頭部は灰褐色で、眼の上には白い眉のような模様がある。嘴は細く、上嘴は灰色、下嘴はピンク、喉は白い。背や翼は灰褐色。翼の縁は黄緑で、胸や腹部は灰色で黒の模様がある。尾はやや長く、薄い灰色をしている。脚は赤色。開けた森林に生息し、海抜4000メートルの場所でも生活する。中国東北部とヒマラヤ山脈で繁殖し、冬を越すために中国南部で繁殖する。

69

第1章 鳥類

Anthus roseatus

漢名：粉紅胸鷚（ウスベニタヒバリ）

セキレイ科　タヒバリ属

体は小さく、約15センチ。頭頂は褐色に薄い色の模様があり、嘴は灰色、体の多くが黄褐色である。眼の上にはピンク色の眉のような模様があり、頬と首、背は灰色である。背は灰褐色に薄い灰色の斑模様があり、翼の外側は黄色、喉や胸付近は赤く、胸には黒い模様がある。尾は短く、灰色。脚は赤色。海抜2700～4400メートルの高山にある草むらに生息する。中国西部や南西部、中部で見かける。冬になるとチベット東南部や雲南に移動する。

Anthus rubescens

漢名：黄腹鷚（タヒバリ）

セキレイ科　タヒバリ属

体は小さく、約15センチ。頭部は灰褐色、眼の近くには白い細い模様があり、上嘴は灰色、胸と下嘴はややピンク色に近い。喉は灰色に近い白で、首の側面には黒い模様が無数にあり、背は暗い褐色に黒の模様がある。翼の中部には2本の白い斜線がある。胸と腹部は白く、黒褐色の斑模様がある。尾は短く、灰色。脚は暗い黄色。渓流付近の湿った草原や田畑などを好む。中国の広い地域で見られる。

Prunella collaris

漢名：領巖鷚（イワヒバリ）

イワヒバリ科　イワヒバリ属

体は小さく、約17センチ。頭部は灰色で、眼は濃い黒で、嘴は黒く、その他の部分の多くが黄褐色。背は灰褐色に太い黒の長い模様がある。翼の前は黒く、白い模様があり、胸や腹部は濃い栗色に白い模様がある。尾は短く、深い褐色で、先端が白い。脚は赤褐色。高山の草原や潅木林、岩場に生息し、普段は1羽や2羽で活動し、凸となっている岩の上で見かける。中国北部や西部、チベット高原に分布する。

Prunella rubeculoides

漢名：鴝巖鷚（ヒマラヤイワヒバリ）

イワヒバリ科　イワヒバリ属

体は小さく、約16センチ。ヒバリ類の中では色彩が整っている。頭部は灰色で、嘴は細短く、黒褐色。背は浅い黄褐色にやや太めの黒模様がある。翼は黒褐色、縁は黄褐色となっている。胸は褐色、腹部は白く、側面に浅い褐色の線がある。尾も褐色である。脚は暗い赤褐色である。非常に穏やかな性格で、海抜3600～4900メートルの草原やツツジ林、柳の潅木林に生息している。中国中部やチベット高原南部に分布する。

第1章　鳥類

Prunella strophiata

漢名：棕胸巖鷚（アカチャイワヒバリ）

イワヒバリ科　イワヒバリ属

体は小さく、約16センチ。頭頂部は黒褐色に黄褐色の細い線があり、眼の上には2段の眉のような模様があり、前の1段は細く、白い。後ろの1段は太く、茶色である。嘴は細く短く、黒色である。首は白く、黒い模様がある。背は黒く、褐色の斑模様がある。胸は茶色。腹部は白く、黒い細い模様がある。脚はピンクである。海抜は2400～4300メートルの森林や潅木林に生息する。中国中部やチベット高原東南部に分布する。

Prunella fulvescens

漢名：褐巖鷚（ウスヤマヒバリ）

イワヒバリ科　イワヒバリ属

体は小さく、約15センチ。頭頂部は黒褐色、眼の上にはやや太めの白い眉のような模様があり、頬には黒い模様があり、嘴は黒い。喉や胸、腹部は白く、背には灰色の模様が入り交じっており、翼は黒褐色で、縁は浅い灰色に近い黄色である。尾は長く灰褐色、縁は白い。脚は浅い赤褐色である。開けた潅木林やほとんど植物のない高山を好む。中国の北部や北西部、チベット高原に分布する。

Leucosticte nemoricola

漢名：林嶺雀（ハイイロマシコ）

スズメ科　マシコ属

体は小さく、約15センチ。姿はスズメに似ている。頭部は灰色、頭頂部には黒褐色の細い模様があり、嘴は厚く黒い。喉から腹部は灰色で、背は褐色に灰色の斑模様がある。翼は黒褐色で、縁には白い部分が少しある。尾は黒褐色で、末端部は分かれている。脚は灰褐色。石の多い山の斜面や高山の草原などに生息し、冬には海抜1800メートルほどの耕地に降りてくる。中国北西部や南西部に分布する。

Carpodacus thura

漢名：白眉朱雀（マミジロマシコ）

スズメ科　マシコ属

体は小さく、約17センチ。雄と雌で色が異なる。雄の頭頂部と首は灰褐色に黒の模様があり、嘴は黒褐色。眼の上には細い白い眉のような模様があり、頬や喉は暗い赤色に白い羽が混ざっている。胸や腹部は赤く、腹部の後ろは灰色である。翼は灰褐色に黒い線がある。尾は長く黒褐色である。脚は灰褐色。雌は灰褐色で、やや色が淡く、頬や胸、腹部には黒い斑模様がある。夏季は高山や潅木林に、冬季は山の斜面の潅木林に生息し、2羽または小さな群で行動する。地上で捕食を行う。中国北西部やチベット高原東部に分布する。

73

第 1 章 鳥類

Carpodacus rubicilloides

漢名：擬大朱雀（ヒゴロモマシコ）

スズメ科　マシコ属

体は中型で、約 20 センチ。繁殖期の雄の顔や額、体の下部は深い赤色となり、頭頂部や体の下部には白い模様がある。嘴は厚く、淡い灰色となっている。首や背は灰褐色に褐色の模様があり、腰はピンクに近い赤色である。翼は灰褐色に褐色の斑点がある。尾は長く、黒褐色。足は灰色に近い黒。雌は灰褐色で、胸や腹部は白に近く、褐色の模様がある。海抜の高い岩場や低い木の多い場所に生息し、警戒心が強く、滅多に見られない。中国中部や北部、チベット東南部に分布する。

Carpodacus puniceus

漢名：紅胸朱雀（シロボシマシコ）

スズメ科　マシコ属

体は中型で、約 20 センチ。嘴は長く厚く、褐色である。繁殖期の雄には赤い眉模様があり、顎から胸には赤い模様があり、腰部はピンクに近い赤である。体や翼は灰色に近い黄色で黒褐色の模様がある。尾は長く、黒褐色で、脚は褐色。雌には赤色の部分がなく、体羽は雄と似ており、炭坑から出てきた様な模様がある。高い山の草原や海抜の高い岩の多い場所、凍った川沿いなどに生息する。地面を跳ねるように歩き、驚いた時でさえ遠くに飛ばない。中国北西部や南西部、チベット高原に分布する。

Loxia curvirostra

漢名：紅交嘴雀（イスカ）

スズメ科　イスカ属

体は小さく、約16センチ。上下の嘴が噛み合わないのが特徴。繁殖期の雄はレンガのような色に褐色の模様があり、目の前後には大きな褐色の模様、嘴と脚は黒く、翼や尾は黒く、尾の先端は2つに分かれている。雌は雄と似ているが、雌はオリーブのような緑色で、翼は浅い褐色である。温帯の針葉樹林に生息し、ある地域では群で行動し、飛行能力に特化している。嘴で松の実を砕いて食べる。中国北部や北西部、南西部、チベット高原に分布する。

Pyrrhula erythaca

漢名：灰頭灰雀（タカサゴウソ）

スズメ科　ウソ属

体は小さく、約17センチ。やや太めの体に整った色彩が特徴である。雄の胸や腹部のほとんどの部分は深いオレンジに近い黄色で、頭部は灰色。嘴は厚く、先端はやや丸まっており、黒色である。目から額には三角の黒い斑模様があり、目の上下には白い模様がある。翼の先端や尾は黒く、脚はピンクに近い褐色である。雌は体全体が淡い灰褐色で、翼や尾は雄に似ている。高山の針葉樹林や混交林に生息し、冬には小さな群で行動し、さくらんぼなどの果実を食べる。中国中部や南西部に分布する。

第2章　獣類

　地球上での獣類の輝きは一瞬のものであった。人類が地位を統治してからというもの、彼らの中でも比較的大型の動物は凄まじい速さで衰退していった。とくに肉食動物は今もなお、自分たちの輝きを失っている。しかし、中国チベットでは彼らの火は未だ消えていない。ここでは彼らが誇りを持って歩くことができ、素直にはっきりと響き渡る声で仲間を探し、群を作り広い土地で自由に進化の路を行くことができる。

　チベット東南部では十分な降水により生い茂った原始の森林が形成され、それと同時に多種多様な獣類に良好な生息環境を提供している。本書には魯朗及び巴松措地区に生息する 14 種の獣類を収録している。その中で国家Ⅰ級重要保護野生動物 2 種：クチジロジカ、アカゴーラル；国家Ⅱ級重要保護野生動物 4 種：アカゲザル、ツキノワグマ、ドール、バーラル。その中でもアカゲザル、クチジロジカ、バーラルは目撃することも難しくない。

　この地域には 2 種の小型獣類がその可愛らしい姿で人々の注目を引き付けている。アカハラカオナガリスは新鮮な事全てに好奇心を持つ特性がある。森の中に目立った色の服を着ている人が来れば寄って行き、餌を与えると人懐っこくなる。もう 1 種はスウィンホーホオジロシマリスである。彼らは傲慢であるが、他のリスが人から餌を貰うのを見ると、それを真似て人間に近づいたり、木にぶら下がって人の手から餌を取ることもある。

　ドールがこの地域で発見されたことは重要なことであった。かつては中国のみならずアジアの多くの地域に分布していたが、今では多くの分布区が消滅している。我が国の東北、ウイグル地区、華東地区のドールは既に消滅しており、現在は四川西部と陝西秦嶺などのパンダの厳重保護区で稀に見る事もあるが、それらの保護区のドールはパンダの数に劣る。今回、私たちは巴松措周辺で生存するドールの群れを発見した。とても貴重な発見でもあったが、悲しいことにそれは人に吊るされたドールの死体であった。実際のドールは人を傷つけることはなく、野生資源が充分にある状況下では家畜を狙うことすらも少ない。捕食するのも弱っている動物などであり、野生動物の健康維持には一定の意義がある。ドールは国家Ⅱ級重要保護野生動物として、法律により保護されている。

▲ 黒熊
▼ 咲き乱れている魯朗のサクラソウ・アスター

第 2 章　**獣類**

Macaca mulatta

漢名：獼猴（アカゲザル）

サル科　アカゲザル属

■ 中国国家Ⅱ級重要保護野生動物

体は中型で、身長は約 55 センチ、尾の長さは約 25 センチ、体重は約 8 キログラムである。身体の毛は黄褐色であり、頭頂部や背、臀部は橙色となっている。顔面は痩せており、ピンク色を帯びており、雄猿は発情期になると赤くなる。耳は大きく、鼻は短く小さい。喉部には頬袋がある。四肢にはそれぞれ五本の指があり、前足の毛はやや灰褐色である。胸や腹部の毛は灰色に近い白となっている。尾は茫茫としていない。群れで熱帯や亜熱帯、温帯の森林に生息し、多くの時間を地面で活動する。果実や木の葉、昆虫、小型の脊椎動物や鳥類の卵などを食べる。雄には鋭い犬歯があり、食物の争奪や、領地に入ってきた敵を脅す時に犬歯をむき出して威嚇をする。中国南部の各省、河南、山西、青海やチベット東南部に群れで生息している。

Apodemus draco

漢名：中華姫鼠（タツアカネズミ）

ネズミ科　アカネズミ属

小型の森林に生息するネズミ類で、体長は約 10 センチ、尾の長さは 11 センチ。耳は大きく、暗い褐色である。身体は常に縮まっており尾が特別長く見える。背は浅い茶色から灰色と変わっている。腹部は浅い灰色。足は薄い色をしており、白い産毛に覆われている。後ろ足は前足よりやや長い。海抜約 3000 メートルの林地に生息し、ドングリなどの木の実を食べる。跳ねるように歩くのが特徴である。中国全域に分布し、チベット東部から東南部でよく見かける。

第2章 獣類

Tamiops swinhoei

漢名：隠紋花松鼠（スウィンホーホオジロシマリス）

リス科　シマリス属

（上図）小型のリスであり、カオナガリスより可愛らしい姿をしている。体長は約15センチ、尾の長さは約10センチ、目は大きく周りは黄色に近い白で、その下に白い線がある。背の毛は長く柔らかく、オリーブのような灰色になっており、背には五本の線が入っており、中間の1本はやや太く、黒くなっている。その他の線は褐色から黄色に近い白となっており、腹部は白となっている。尾は茫茫としており、側面は黒くなっている。一般的なシマリスと似ているが、シマリスは海抜の低い場所にしか生息しない。海抜3000mほどの常緑樹林や針葉樹林などに生息し、木の上での生活をみ、木と木の間を跳ぶことができる。その飄逸な姿はムササビにも似ている。滅多に地面に降りない。朝方や夕時には鳥のような声で鳴く。ドングリや昆虫などをエサとする。エサを与えるとすぐに近づいて来ることもある。中国中部や西部、チベット東南部で見かける。

Dremomys lokriah

漢名：橙腹長吻松鼠（アカハラカオナガリス）

リス科　カオナガリス属

（左図）体長は約18センチ、尾の長さは約20センチ。身体はやや太めである。暗い黄褐色で、耳の輪郭が小さく丸く、縁に毛がない。耳の裏側に白い斑模様があり、目の周りの毛はやや色が薄い。腹部の毛は橙色である。尾の毛は茫茫としており、ほとんどが黄色であり、後ろ側は黒褐色に灰色の産毛が混じっており、服面は黒に橙色が混ざっている。海抜1500～3400メートルの森林に生息し、木登りを得意とし、木の実などを土に埋めて冬に食べる習性がある。主食は果実、木の実、食物、昆虫などで、サルオガセなどを食べるという情報もある。主にチベットや雲南に分布し、チベット東南部の森林で最もよく見かける哺乳類である。

第2章 獣類

Lepus oiostolus

漢名：高原兔（チベットノウサギ）

ウサギ科　ウサギ属

体は小さいが逞しく、体長は約50センチ、尾の長さは約8センチ。体重は約3キログラム。頭部の毛は灰色に近く、鼻の先端は長く、目は橙色で、白い眉のような模様がある。耳は細長く、内側には白い産毛があり、先端が黒くなっている。背の毛はやや黄色く、毛は太く柔らかく、先端はやや湾曲していて、毛皮の服を被っているようにも見える。腹部は灰色や白で、尾は短く、臀部は灰色である。尾は短く、白色。後ろ足がやや長く、座ったり立ったりする時に使う。海抜3000〜5000メートルの草原や灌木林、荒野、針葉樹林などに生息し、気が弱く、単独での生活を好む。草などの植物を主に食べている。夜行性であり、昼間は身を隠して、石のように固まっている。チベット高原では頻繁にみることができる。

Prionailurus bengalensis

漢名：豹猫（ベンガルヤマネコ）

ネコ科　ベンガルヤマネコ属

姿は一般的な猫と似ているが、更に華奢である。体長は約55センチ、尾の長さは約30センチ。体重は約4キログラム。頭部は丸く、鼻は短い。主に黄褐色に黒の模様となっている。口は白くなっている。耳は大きく丸く、耳の後ろは黒色となっている。目はガラス球のようで、眉のような白い模様がある。額には2本の黒い線がある。身体の側面は灰色に近い黄色で、大きな黒褐色の斑点があり、豹のような模様である。足は細長く、黒褐色の横線がある。尾には褐色の輪があり、先端は黒くなっている。分布地の違いにより、多種多様な環境のもとで生息している。針葉樹林や、灌木林、農業区や民居の近くにも生息し、草原には滅多にいない。ネズミなどを捕食し、両生類や魚も時々食べる。夜行性であり、単独で行動する。北部と西部の荒野や砂漠以外の広い地域に分布している。

第 2 章 獣類

Ochotona curzoniae

漢名：黒唇鼠兎（クチグロナキウサギ）

ナキウサギ科　ナキウサギ属

ナキウサギはネズミに似ているが、ウサギとも近く、身体は卵のように丸い。体長は約 15 センチで、耳は大きく丸い。尾は隠れておりほぼ見えない。毛は柔らかく、頭部には茶色の毛があり、目には白い眉のような模様があり、身体は灰褐色に黄褐色の斑点があり、腹部は灰色や白となっている。四肢は短く、足の裏に毛が多く生えている。高山の草原や荒漠などに生息し、昼行性であり、冬眠をしない。素食であり、穴を掘って巣として使っている。動きに趣があり、駆け回ると丸くなり転がっていくことがある。使われなくなった巣穴はトカゲやスズメなどの小動物などの住処となっており、その小動物らはチベット高原の肉食動物のエサとなっている。チベット高原では頻繁に見られる。

Ursus thibetanus

漢名：黑熊（ツキノワグマ）

クマ科　ツキノワグマ属

■ 中国国家 II 級重要保護野生動物

少年期の人間と同じ体形の獣類であり、非常にたくましく、体長は約 150 センチ、尾の長さは 70 センチ、体重は約 200 キログラム。身体全体が厚い黒色の毛皮に覆われており、頭部は大きく、鼻や口は短く、目はやや小さい。よく「熊瞎子」と呼ばれる。首の側面の毛は長く、マフラーのように見える。胸部には目立つ三日月の模様がある。足は太く、それぞれに 5 本の指があり、前足の爪は長くしまうことができない。底は大きく、尾はとても短い。森林のある山に生息し、主に素食である。秋になると木に登り、ドングリ等を食べる。単独での行動を好み、夜行性であるが、果実などが実る季節には昼間でも活動する。北部に生息するツキノワグマには冬眠の習慣がある。中国東北部、中部、南西部、チベット東南部などに分布し、ある保護地区では群れでの生息も観測できる。

第2章 **獣類**

Cuon alpines

漢名：豺（ドール）

イヌ科　ドール属

■ 中国国家Ⅱ級重要保護野生動物

（上図）狼類と似ており、身体は細く、口と尾は短くなっている。体長は約100センチ、尾の長さは約40センチ、体重は約16キログラム。毛の色は濃い赤色や灰褐色で、"紅狼"とも呼ばれる。頭部から口にかけては黒く、耳は大きく丸く、常に立っている。喉と胸、腹部、四肢は白い。尾は細く、灰褐色で、先端は茫茫としていて黒色である。ドールの生息地は多種多様で、適応力が非常に強く、チベットの開けた高原から雲南の密林まで様々である。一般的には昼行性で、朝方に活動を始める。群れで大型の猪や、鹿、羊などを群れで囲んで捕食する。ドールや狼などは繁殖が盛んであり、中国全域にわかって生息している。しかし、現在ドールの生息地は狼に比べて苦しく、繁栄の兆しは見えない。今回の考察（2011）でチベット東南部に小さな群れを発見することができた。

Pseudois nayaur

漢名：岩羊（バーラル）

ウシ科　バーラル属

■ 中国国家Ⅱ級重要保護野生動物

（右図）岩石と同じ色の山羊であり、雄の角は「山羊座」の元となっている山羊そのものである。雄の身体は大きく、体長は約150センチ、肩までの高さは80センチ、体重は約60キログラム。頭と耳は小さく、目は大きい。顎の下には髭がない。背は茶色や灰色に近く、やや青い光沢があるのが特徴。服面と四肢の内側は白く、四肢の前は黒褐色である。尾は太めで、黒く、約18センチである。海抜2500〜5500メートルの開けた草原や斜面に生息し、小さな群れをつくり、朝方に活動することが多い。高山の雑草などを主食とする。バーラルは雪豹の獲物でもある。中国北西部やチベット高原、チベット東南部の巴松措でよく見かける。

第 2 章 獣類

Mustela altaica

漢名：香鼬（アルタイイタチ）

イタチ科　イタチ属

身体の色はチョウセンイタチと似ており精巧な部分があり、毛並みは更に整っており可愛らしい姿である。体長は約23センチ、尾の長さは約15センチ、体重は約0.25キログラム。

頭部は淡い灰褐色、背や尾は淡い黄褐色もしくは淡い赤褐色、腹部は黄色から白に変わっている。四肢は淡い黄褐色で、足は白である。高山の草原や岩石の多い斜面に住み、人々の生活するすぐ近くで生活をすることもある。家畜をエサとすることもある。主にはネズミやウサギなどを捕食する。一般的には夜行性であり、木登りや泳ぎを得意と四、1夫多妻制で、雌だけが子育てをする。中国北部やチベット高原に広く分布する。

Mustela sibirica

漢名：黄鼬（チョウセンイタチ）

イタチ科　イタチ属

伝説の人物「黄大仙」の元となった動物で、黄鼠狼とも呼ばれる。小型の肉食動物であり、身体は細長く、体長は約35センチ、尾の長さは約20センチ、体重は約1キログラム。背は暗い黄褐色、口の先端と顔は深い褐色、下顎は白く、首は長く、頭部や耳は小さく、四肢はやや短い。小さな隙間にも入り込む。腹部は淡い黄褐色、尾はやや茫茫としており、先端は黒褐色である。密林から集落など様々な環境に生活の跡が残っており、家畜の鶏などを好むが、主にネズミを捕食する。ネズミの退治に飼われることもある。朝と夕に活動を行い、単独での生活を好む。中国全域とチベット東南部に広く分布する。

第 2 章 獣類

Cervus albirostris

漢名：白唇鹿（クチジロジカ）

シカ科　シカ属

■ 中国国家Ⅰ級重要保護野生動物

大型のシカ類で、口の周辺と下顎が白くなっているため現在の名前に改名された。体長は約 190 センチ、肩までの高さは 120 センチ、体重は約 220 キログラム。雄には角があり、細長く鋭くなっている。頭頂の毛は灰褐色。耳は大きく、縁には白い毛が生えており、常に立っている。背は灰色に黄褐色が混ざり、腹部はクリーム色で、四肢はしっかりとしており、足の先端は茶色から浅い褐色に変わっている。臀部は淡い黄色の模様があり、尾は短い。小さな群れで生活し、寒さに強く、海抜 3500〜5000 メートルの針葉樹林や灌木林、高山の草原に生息し、草や木の葉、木の革などを食べる。中国の特産でもあり、チベット高原や周辺の都市に分布する。

Naemorhedus baileyi

漢名：紅斑羚（アカゴーラル）

ウシ科　ゴーラル属

■ 中国国家Ⅰ級重要保護野生動物

遠くから見ると赤い山羊にも見える。体長は約95センチ、肩までの高さは約60センチ、体重は約25キログラム。全身が赤褐色で、雄雌ともに細く黒い角があり、後ろに向かって曲がっている。上下の唇は白く、鼻は黒い。背の中央には1本の褐色の模様があり、服面は淡い黄褐色である。四肢は太く、蹄はやや大きく黒褐色。尾は短く、黒色で、約9センチ。冬は高山の広葉樹林や混交林に、夏は山の斜面や灌木林などで活動し、時々川辺へと降りて水を飲む。灌木林の木の葉を主食とし、昼間に行動する。単独もしくは小さな群れで活動する。チベット東南部から雲南北西部に広く分布する。

第 2 章 獣類

▲ アカゴーラル

第3章　魚類

　チベットの河は蜘蛛の巣のようになっており、世界の多くの河の源流でもある。その中でも江河の渓流には多くの魚類が生息しており、とくに裂腹魚類とエンペラーローチはこの区域で最も多い品種である。この種は細長いのが特徴であり、裂腹魚類はやや大きめである。現地の経済を支える重要な種である。そのほかの種類には名前すら知られていない拉薩裸裂尻魚などのような種類も多くある。

　両生類は脊椎動物が水中から陸に上がる進化の過程ではあるが、魚類より稀少である。しかし、その皮膚は高原の強烈な紫外線には耐えきれず、魚類のようにずっと水に潜っていることもできずにいるため、高原は彼らの禁地となってしまった。それでもいくつかの種類の両生類が生き抜いてきた。チベットガエルがその1つである。姿形は華やかでなく、鳴くことができない。しかしチベットガエルは次期の氷河期への準備ができている生物でもある。その時が来たらチベットガエルは両生類の代表となり、新たな進化へと誘う両生類となるかも知れない。

▲　魯朗地区の針葉林

Schizothorax plagiostomus

漢名：横口裂腹魚（オウコウレツフクギョ）

コイ科　レツフクギョ属

この魚の特徴は肛門と臀鰭の両側にある大きめの鱗片である。これは臀鱗と呼ばれ、臀鱗の間には目立った隙間があり、腹部が裂けて見えるように見えることから、「裂腹魚」と呼ばれるようになった。体長は長く、約40センチ。体重は重いもので4キログラムにも達する。口は丸く、上顎がやや出ている。雄の口には白い突起物があり、雌の口は光沢がある。口の下部は横に裂けた形となっている。ヒゲは2本あり、やや短い。目は小さく、上に位置している。全身の鱗は小さめである。綺麗な河や、石の多い河の深い場所に生息している。川底の藻等を主食としている。チベットのヤルツァンポ川流域に分布する。

第3章 魚類

Schizopygopsis younghusbandi

漢名：拉薩裸裂尻魚（ラサラレツコウギョ）

コイ科　ラレツコウギョ属

身体は細長く、約15センチあり、側扁となっている。背中は黄褐色、腹部は銀色となっている。上部の鰭は淡い黄色であり、尾鰭は浅い灰色である。頭部は錐型。口は丸い。口の下部は横に裂けており、下顎の前縁には鋭い突起がいくつか並ぶ。ヒゲはない。目は大きい。腹部は真っ直ぐで、腹鰭の起点と背鰭の第4、第5本の分かれ目が相対となっており、末端は肛門に届かない程度である。臀鰭の起点から腹鰭までの距離は尾鰭までの距離と等しい。尾鰭は二叉形である。鱗はなく、側面には線が真っ直ぐ引かれている。高原や高山渓谷の流域に生息し、石に付着する藻類や水中の昆虫などを食べる。毎年夏季が産卵期である。チベットのヤルツァンポ川流域に分布する。

Triplophysa sp.

漢名：高原鰍（エンペラーローチの一種）

イナダ科　エンペラーローチ属

身体は細長く、約13センチ。身体の前部はやや高く丸くなっており、尾にかけてやや低くなっている。頭部は側扁となっており、頭部の幅は頭部の長さより短い。口はやや尖っている。口の下部は弧形で、3本の小さなヒゲがある。身体は灰色がかった緑、もしくはオリーブ色で、背には不規則に褐色の横模様がある。尾鰭は二叉形で、黒褐色の斑点がある。緩流や瑚舶、沼地など植物の多い浅瀬に生息し、水面の虫や蚊などの幼虫を主食とし、藻類なども食べる。ヤルツァンポ川流域に分布する。

第3章 **魚類**

Nanorana parkeri

漢名：高山倭蛙鰍（チベットガエル）

カエル科　カエル属

体長は約 4 センチ、頭部は長さより幅があり、口は丸く、鼓膜を持たない。皮膚にやや粘り気があり、背には長さが異なる粒がいくつかならんでいる。背は褐色や灰色に近い茶色であり、濃い色の斑点がある。腹部は黄色く、茶色の斑点がある。雄には声嚢がなく、鳴くことができない。海抜 2800〜4700 メートルの湖や沼地、緩やかな河に生息し、水草や石の下に隠れて生活をしている。昆虫を主食とし、夏季に繁殖期が訪れる。チベット東部や南部に分布する。図のオタマジャクシはチベットガエルの幼体である。

第4章 昆虫

　生物の多様性の重要な組織成分として、昆虫は生態系全体で重要なはたらきをしている。花から花粉を運ぶミツバチや、蝶は植物の繁殖を促し、フンコロガシは清潔な環境を保つと同時に土壌を整え、トンボ、ハエ、蛾などは水質汚染の監督役としてはたらいた。時に気候の変化さえも反映し、これらの例は魯朗巴措地区で垣間見られる。

　平均海抜が3000メートルの巴松措国家森林公園や魯朗花海牧場、林茂水肥、南の暖流像海の波はこの高地を削っている。ここの昆虫は比較的豊富で、本書はこの地区の昆虫を2鋼12目61科92種収録している。彼らの進化はこの悪化しつつある気候の侵略を避けるかのような方向にあり、そのため体色形態は熱帯雨林には及ばない。黒い色が主流で、本書で収録されている昆虫の3分の1が黒や暗い色の昆虫であり、「牛魔王」のように黒一色を見に纏う。隠居が彼らの目標でもあり、Cnizocoris davidi は昆虫界のスナイパーのようでもあるが、いつも目の届かない場所に隠れ静かに暮らす。その他にも、石の下や、枯れ木、石の隙間、動物の糞などの影も彼らの理想の住処となっている。身に「毛皮のコート」を纏っているのが彼らの特徴で、ヒメフンバエ、クモガタヒメシジメ、マメコガネなどは美しい資本を持っており、昼間に行動をする。小さく細い身体は種族繁栄をするにあたって最適な策略であり、トビムシ、蝉、アリなどは豊富な食料がなくてもその個体数を保ち続けている。

　その他、この地には奇特な種族がいくつかある。例えば、木の皮の下で生活をする Pseudomezira kashmirensis 、後ろ足に1つしか指のない「蘭花指」を持つヒメホソケシマグソコガネ、熱帯の色彩がありキノコ類を好物とするテントウダマシ、ピノキオのような鼻を持つ Ringia brachyrrhyncha、蝶よりも麗しい Callindra principalis、肉食とも言えるハバチ、物を隔てても獲物を探すことができるオナガバチなどである。

昆虫識別図

昆虫は比較的原始的な動物に近い生物として人間の生活の中に存在している。彼らは何億万年という時間の中で進化と選択を経て、自分自身が環境に適応できるようにその構造や習性を変えてきた。昆虫の外見は多種多様であるが、動物分類学の角度から基本的な特徴を以下にまとめた。

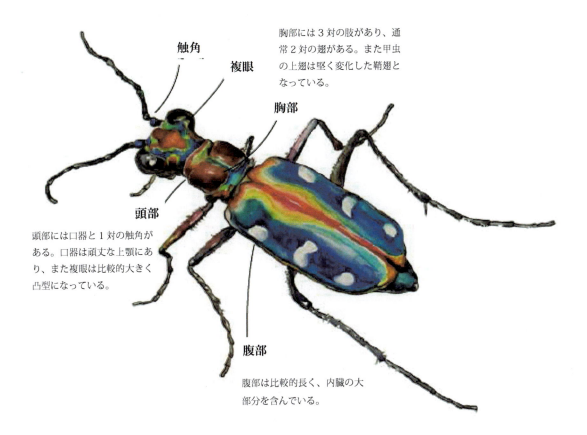

触角

複眼

胸部には3対の肢があり、通常2対の翅がある。また甲虫の上翅は堅く変化した鞘翅となっている。

胸部

頭部

頭部には口器と1対の触角がある。口器は頑丈な上顎にあり、また複眼は比較的大きく凸型になっている。

腹部

腹部は比較的長く、内臓の大部分を含んでいる。

第4章 **昆虫**

▲ 炎の山の峰

第4章 **昆虫**

Melampsalta sp.

漢名：寒蟬（ヒグラシ）

カメムシ目　セミ科

（上図）体は小さく、暗い褐色で、全身に絨毛が生えている。前胸腹板と小楯板の接続部分は黄褐色になっており、翅は透明。前部の翅脉は淡い緑色で、後ろは黒色である。翅を閉じている時は腹部の上の黒色の場所に位置する。前肢はやや太く、股節の腹面にはトゲがある。ヒグラシは林で活動し、鳴き声で夏の終わりと秋の到来を知らせる。その声は凄まじく、歴史上の文人らの題材ともなっている。チベット東南の海抜の高い林地帯に分布する。

Aphrophora sp.

漢名：尖胸沫蟬（アワフキの一種）

カメムシ目　アワフキ科

（右下図）体長は約8ミリ、全身に小さな突起と白く細い毛がある。頭頂部は黄褐色で、前端は丸くなっており、周りは黒褐色。背板ら広く六辺形、前部が黄褐色、後部は深い褐色となっている。小楯片は黄褐色で、末端は鋭く尖っている。前翅は黒褐色、約3分の1の部分に白い横線があり、その後ろには白の斑点がある。翅縁は緑や白色である。足は短いが跳ねることができる。木の実や柳の樹液などを吸う。チベット東南部の林に分布する。

Tricentrus albipennis

漢名：白斑三刺角蟬（ツノゼミ）

カメムシ目　ツノゼミ科

体長は翅を含まないで約7ミリ程度。前胸腹板は特化しており、ヘルメットのようになっており、ゴツゴツとしている。黄色の絨毛があり、左右の側面に突出したトゲがある。身体の後ろは長く伸びており、腹部の半分を隠している。翅は褐色で、翅脉ははっきりとしており、黒褐色である。翅全体に白色の斑点がある。肢は短く褐色であり、絨毛がある。主に植物を食べ、樹液なども吸う。チベット東南部の林に分布する。

第 4 章 昆虫

Parabolocratus sp.

漢名：匙頭葉蟬（ヨコバイの一種）

カメムシ目　ヨコバイ科

体長は約 6 ミリ、図に載っているのは雌である。頭頂部は黄色で、中前部は凹型で褐色の模様がある。複眼はやや大きめで褐色、複眼の間には 2 つの丸い褐色の斑点がある。前胸腹板は長方形で、前部は黄色に不規則な褐色の斑点があり、後部は淡い緑色となっている。前翅は淡い緑に黒い斑点があり、翅の末端は薄い白色となっている。雌は翅が短く、腹部の四節が翅より外に出ている。後肢の関節部には長いトゲがあり、跳ねるのが得意な虫である。主に樹液を吸う。チベット東南部の林に分布する。

Erythroneura sp.

漢名：斑葉蟬（ヒメヨコバイの一種）

カメムシ目　ヨコバイ科

体長は約3ミリ。頭頂部はやや前に出ており、鋭く尖っており、やや青くなっている。後方は黄色に青色の横模様がある。複眼は黄色。前胸は半円形をしており、前縁は青、後部は黄緑となっている。小楯片は三角形で青い。前翅は黄緑色に青い帯状の模様があり、末端も青くなっている。肢は淡い黄色で、後肢の脛節に長いトゲがあり、跳ねるのを得意とする。果樹の樹液を吸う。チベット東南部の林に分布する。

第 4 章 昆虫

Evacanthus sp.

漢名：横脊葉蟬（ヨコバイの一種）

カメムシ目　ヨコバイ科

体長は約 7 ミリ。頭頂部は黒く、複眼にむかうにつれ肉色となっている。複眼は比較的大きく。褐色である。前胸腹板は長方形で黄色に黒の斑点がある。小楯片は三角形で黒色。前翅は青く、縁は緑色である。雌の翅は短く、腹部の 2 節は露出している。後肢脛節には長いトゲがあり、跳ぶのを得意とする。樹液を吸って食べる。チベット東南部の林に分布する。

Cosmodela virgula

漢名：逗斑虎甲（ハンミョウ）

コウチュウ目　ハンミョウ科

体長は約16ミリ。全身に光沢を持ち、頭部や前胸、翅の金属のような光沢は光の角度により変化する。口器には鋭い「獠牙」があり、複眼は黒く大きい。触角は線のように細く、下に垂れている。翅の背面には3対の白い斑点があり、真ん中にはコンマのような形の模様がある。肢は細長く、白い細い毛が生えている。森林に生息し、極めて慎重に行動をする。肉食でもあり、自分より小さい昆虫を食べる。中国南部に広く分布し、チベット東南部でもよく見られる。

第4章 昆虫

Lordithon sp.

漢名：葦隱翅蟲（キノコハネカクシ）

コウチュウ目　ハネカクシ科

体長は約7ミリで、身体は細長くなっている。頭部は前胸の半分ほどの幅しかなく、黒褐色である。前胸腹板は横に広く、縁に黄色の模様があり、そのほかの部分は黒褐色である。翅は短く、黒色の中にアルファベットCのような黄色の模様が見える。腹部の各節は上にいくにつれ狭まっている。腹部は黒く光っており、いくつかの長い毛がある。第8腹節は黄色くなっている。暗く湿ったところに生息する。チベット東南部の高山の林に分布する。

Geotrupes sp.

漢名：糞金龜（センチコガネの一種）

コウチュウ目　コガネムシ科

（右下図）体長は約20ミリ、幅は約12ミリで、楕円形をしている。口器は扇形となっており、複眼の間に緑色の強烈な緑の光沢がある。前胸腹板は台形で、光沢と不規則な緑の斑点がある。小楯片は小さな三角形をしており、中間が凹んでいる。翅にはいくつかの溝があり、青銅質な感じが見て取れる。成虫、幼虫共に哺乳類動物の糞を主食とし、糞を転がすことができる。古代エジプトでは「聖なる甲虫」の1つと称されていた。チベット東南部に分布する。

Pseudolucanus prometheus

漢名：普氏擬深山鍬（プロメテウスミヤマクワガタ）

コウチュウ目　クワガタムシ科

大型の甲虫で、雄と雌で形が違う。雄の身体は大きく、上顎に牛のような角が曲がって出ているのが特徴。雌は小さく、上顎についている角も小さい。図に載っているのは雄であり、体長は約55ミリ（上顎の角を含まない）、幅は約25ミリある。身体は栗色で、前胸腹板前後には金色の絨毛があり、小楯片は小さく半円形。翅には光沢があり、肢はやや長い。鋭い爪を持ち、木登りが得意である。成虫は樹液を主食とし、光に集まる習性がある。幼虫は枯木などを食べる。チベット東南部の林に分布する。

111

第4章 昆虫

Phyllopertha horticola

漢名：庭園發麗金龜（アカビロードコガネ）

コウチュウ目　コガネムシ科

身体は楕円形で、体長約10ミリ、幅約5ミリ。背面には長い絨毛が生えている。雄の翅は深い赤色で、雌は黄褐色や茶色と異なっている。図に載っているのは雌。頭部や前胸腹板には斑点がいくつもあり、真っ黒の金属光沢が見られる。翅には浅い溝がいくつもあり、背には1本の緑色の線がある。肢は短くやや光沢がある。成虫は稲や小麦農、チンゲン菜などの作物を食べる。中国北部やチベット高原に広く生息する。

Popillia sp.

漢名：弧麗金龜（コフキコガネの一種）

コウチュウ目　コガネムシ科

体長は約9ミリ、幅は約4ミリ。頭部や前胸腹板、小楯片には赤色の金属光沢があり、翅は黄褐色に若干の溝模様がある。後肢は長く光沢がある。内側には白い絨毛がある。成虫はじゃがいもやとうもろこし、ピーナッツなどの農作物を食べる。チベット東南部に分布する。

第4章 昆虫

Popillia cyanea

漢名：庭園弧麗金龜（マメコガネ）

コウチュウ目　コガネムシ科

体長は約10ミリ、幅は約6ミリ。身体はやや太い。身体全体が青く光沢がある。小楯片は大きく三角形であり、翅には線状に溝が少しあり、疎らに斑点がある。胸部には長い白い絨毛があり、後肢は長く、黒いトゲがある。成虫はモロコシやとうもろこしなどの農作物を食べる。中国南西部の山地やチベット東南部に広く生息する。

Toxospathius auriventris

漢名：麗腹弓角鰓金亀（コガネムシ）

コウチュウ目　コガネムシ科

身体は丸く、体長は約 15 ミリ、幅は約 8 ミリ。身体には光沢があり、全身に短い絨毛がある。頭部や前胸腹板には青黒い光沢があり、斑点が疎らにある。翅は赤褐色で、肩の周辺に少し皺があるのが特徴。背面には溝模様があり、背中には緑色の線がある。肢は短く光沢があり、刺激を受けると触角や肢を縮ませ地面に落ち逃げる習慣がある。成虫はサジーや灌木の葉を食べる。チベット高原に広く生息する。

第 4 章 　昆虫

Maladera sp.

漢名：瑪絹金龜（ビロウドコガネ）

コウチュウ目　コガネムシ科

身体はグリーンピースのような形で、体長は約 7 ミリ、幅は約 4 ミリで、暗い赤茶色をしている。表面には細かい絨毛があり、光を反射している。口器の幅は広く、台形に近い。触角の末端は 3 節にまである。前胸腹板は短くやや膨らんでいる。小楯片は三角形である。翅には溝が明確にあり、肢は細長く赤茶色。成虫は箱柳や柳、リンゴの木などの葉を食べる。チベット東南部の林に分布する。

Hoplia bomiensis

漢名：波密單爪鰓金龜（ヒメホソケシマグソコガネ）

コウチュウ目　コガネムシ科

体長約8ミリで、幅は約5ミリ。身体は黒褐色で、表面には白い鱗片に覆われている。口器は短いが幅広く、繊毛が高密度に生えている。前胸腹板はやや膨らんでいる。前胸腹板は翅より小さく、小楯片は舌のような形をしている。翅は非常に平たく、それぞれの真ん中に丸い斑点がある。後肢はやや長く、褐色で、末端には鎌のような1つ爪がある。成虫はよく花にとまっている。チベット東南部の林に分布する。

第4章 昆虫

Agrypnus sp.

漢名：槽縫叩甲（サビキコリ）

コウチュウ目　コメツキムシ科

身体はヒマワリの種のような形で、体長約15ミリ、幅は約5ミリである。身体全体の表面に黄色の鱗片があり、光沢はない。複眼付近の触角の第2と第3関節は短く、数珠のようになっている。前胸腹板は正方形に近く、四角に突起がついた形となっている。小楯片は舌のような形になっており、陥没している。目立たないが翅には線状の窪みがなっている。肢は短い。死んだフリをする習慣がある。チベット東南部に分布する。

Ampedus masculatus

漢名：赤翅錐胸叩甲（マメコガネ）

コウチュウ目　コメツキムシ科

身体は細く、両側が平行となっている。体長は約 10 ミリ、幅は約 3 ミリである。全身に光沢があり、頭部や前胸腹板は黒く、翅は赤褐色。爪は淡い赤褐色である。前胸の後部は後ろに向かって尖っており、小楯片は黒く平たくなっている。翅には明確な溝が線状にある。肢は比較的短い。身体がひっくり返ると頭を叩きつけて元に戻す。チベット東南部の林に分布する。

第 4 章　**昆虫**

Calochromus sp.

漢名：斑紅螢（オオツヤバネベニボタル）

コウチュウ目　ベニボタル科

身体は細く、体長は約12ミリ、幅約4ミリである。頭部は黒く、触角はノコギリのようになっている。前胸腹板は正方形に近く、外縁はワインレッド色で、中は黒くなっている。翅はワインレッド色に大きな黒の斑点があり、後方の黒丸はパンダの目のようでもある。肢は短く黒い。チベット東南部の林に分布する。

Ditemnus sp.

漢名：櫛角花螢 (ケシヒゲボタル)

コウチュウ目　ジョウカイボン科

体長は約12ミリで、幅は約5ミリ。頭部は黒く、触角はノコギリのような形をしている。前胸腹板は正方形に近くオレンジ色で、両側がやや膨らんでいる。翅は細長く、末端がやや広くなっている。翅は黒色で、縁だけが黄褐色となっている。肢は細長く、腿節と脛節は黒や黄褐色となっており、その繋ぎ目も黒くなっている。よく花にとまっている。チベット東南部の林に分布する。

121

第 4 章 昆虫

Cantharis sp.

漢名：花螢（ジョウカイボンの一種）

コウチュウ目　ジョウカイボン科

体長は約9ミリ、幅は約4ミリ。頭部はオレンジ色をしており、触角はまっすぐ伸びている。複眼付近の節は黄褐色となっており、その他の部分は黒い。前胸腹板は正方形に近く、黄褐色で、前方がやや膨らんでいる。翅は細長く、末端がやや広くなっている。翅の面は青黒い光沢を放ち、長い絨毛が生えている。肢は細長く、黄褐色である。花によくとまる。チベット東南部の林に分布する。

Lycoperdina sp.

漢名：番偽瓢蟲（テントウダマシの一種）

コウチュウ目　テントウダマシ科

身体はタマゴのような形をしており、体長は約12ミリ、幅は約5ミリ。頭部と触角は黒い。前胸腹板は正方形に近く黒色をしており、前後がやや出ており、縁がやや上にはねている。小楯片は舌のような形をしており、黒い。翅は暗い青色で、微かに光を反射する。前方の方に1対の黄色い斑点がある。足は細長く黒い。枯木の中で生活し、外で菌類などを食べる。チベット東南部の山林に分布する。

第４章 昆虫

Dila bomiana

漢名：波密地琵甲（ゴミムシダマシ）

コウチュウ目　ゴミムシダマシ科

身体は長く、やや薄い。体長約18ミリ、幅は約10ミリである。身体全体が黒い。前胸腹板は正方形に近く、前後がやや出ていて、やや丸くなっている。小楯片はやや小さい。翅には不規則なシワ模様がある。肢は細長く、前肢と中肢の脛節の末端にはトゲがある。石や枯木の下に生息し、夜行性である。チベット東南部に分布する。

Necydalis maculipennis

漢名：斑翅膜花天牛（ゴマダラカミキリ）

コウチュウ目　カミキリムシ科

身体は長細く、体長は約 22 ミリ、幅は約 4 ミリ。翅が極端に短いのが特徴。身体全体が黒く、油っぽく、白い絨毛に覆われている。触角は短く、前胸腹板の前後が凹んでおり、翅の背面の中央部に灰色の斜線がある。末端が出ており肩が分かりやすい。後肢は長く半透明。腹部は平たく、肢は細長い。飛行能力がある。チベット東南部の林に分布する。

第4章 昆虫

Leptura quadrifasciata

漢名：四紋花天牛（ゴミムシダマシ）

コウチュウ目　ゴミムシダマシ科

身体は長く、体長は約32ミリ、幅約9ミリ。翅の4本の横線以外は全身が黒色である。頭部がやや出ており、触角は長く、翅と同じほどある。前胸腹板には黒い斑点と黒の絨毛がある。左右の翅には黒と黄色の横線が交互にある。肢はやや太く長い。花によくとまる。成虫は7月になると姿を現す。チベット東南部の林に分布する。

Cneorane cariosipennis

漢名：麻克螢葉甲（コガネムシ）

コウチュウ目　コガネムシ科

体長は約12ミリ、幅は約5ミリ。頭部と前胸腹板はオレンジ色で、光沢がありブツブツとした点がいくつかある。触角は長く、黒い。翅は青紫色で光沢があり、皺やブツブツの模様がある。肢は細長く、前と中肢の股節はオレンジ色で、脛節は黒い。後肢も黒い。主に木の葉を食べる。チベット東南部の林に分布する。

第 4 章 昆虫

Aesalus sp.

漢名：斑鍬（マダラクワガタ）

コウチュウ目　クワガタムシ科

身体は小さく、体長は約 4 ミリ。全身に赤褐色や褐色、白色の鱗片がある。頭部は小さく、触角は褐色である。前胸腹板は五辺形で末端がやや丸い。翅の前部は鱗片が少なく、黄褐色の模様がある。肢は短く黄褐色である。木の上に生息する。チベット東南部の林に分布する。

Leptomias waltoni

漢名：無歯喜馬象（ウタンゾウムシ）

コウチュウ目　ゾウムシ科

体長は約6ミリ、幅は約3ミリ。身体は黒く、金褐色の鱗片に覆われており、全体に光沢がある。頭部は短く太く、ゴツゴツとしている。複眼の後ろに1列の白い毛がある。触角は深い褐色をしている。前胸の両側は丸く、小さな点がいくつもあり、中央部が凹んでいるのが分かる。翅は卵のような形をしており、何本か線が入っている。肢は小さく短く、褐色である。マメ科の植物を主食とする。チベット東南部に分布する。

第 4 章 昆虫

Catapionus sp.

漢名：短柄象（ゾウムシの一種）

コウチュウ目　ゾウムシ科

体長は約 12 ミリ、幅は約 5 ミリ。身体は黒く油っぽい。頭部は太く短く、口の真ん中には 1 本の凹んだ線がある。触角は短く、第 1 関節は複眼の全縁にも満たない。前胸の側面は陥没しており、前の下には黄色の鱗片があり見立たない凹みがある。翅は長く卵のような形をしており、明確な線状の模様があり、ゴツゴツとした翅には黄色の鱗片もある。肢は長く、腿節と脛節は赤褐色で、末端と足根は黒い。灌木などを食べる。チベット東南部の林に分布する。

Tanymecus sp.

漢名：織毛象（ハイイロコクゾウムシ）

コウチュウ目　ゾウムシ科

体長は約9ミリ、幅は約4ミリ。身体は褐色で光沢がある。全身に灰色の絨毛がある。頭部は短く、触角の第1関節は複眼の後縁まで至る。前胸の両側は丸く、中間の凹みは目立たない。翅は長く、目立った線状の模様があり、末端は丸い。肢は長く、第1関節が太い。腹面にはスポンジのような絨毛がある。灌木などの植物を食べる。チベット東南部の林に分布する。

第4章 昆虫

Apoderus sp.

漢名：卷象（オトシブミの一種）

コウチュウ目　オトシブミ科

体長は約8ミリ、頭部と前胸は黒色。頭部は筒のようになっており、後ろにいくにつれ細くなっている。上顎が特徴的で、触角は短い。前胸腹板はやや丸く、小楯片は舌のような形をしており赤色。翅の前部の下の中胸の側面は黒くなっている。翅は赤褐色で、表面には点々模様がある。肢は黄褐色で、前肢が長く、股節には黒い斑点がある。中と後肢の股節の半分が黒くなっている。雌は木の葉を丸めて中にタマゴを産む。チベット東南部の林に分布する。

Cyllorhynchices sp.

漢名：剪枝象（オトシブミの一種）

コウチュウ目　オトシブミ科

体長は約7ミリ、頭部と前胸は黒い。頭部は後部まで同じ太さで、口は筒のように延びている。上顎が特徴的で、触角は短い。前胸腹板には点模様があり、筒状になっており、小楯片はない。翅には光沢があり、茶色の点があり、左右の翅の間は黒褐色となっている。肢は長く、脛節は黄褐色で、第1関節の末端は黒い。雌は木の枝や花の蕾にタマゴを産み、幼虫が蛹になる際にすぐ土に入れるように地面にそれを落とす。チベット東南部に林と分布する。

第4章 昆虫

Aporia martinet

漢名：馬丁絹粉蝶龜（シロチョウ）

チョウ目　シロチョウ科

翅を広げた長さは約 55 ミリ。触角は長く黒く、前に向かって延びている。胸と背、腹部には黒い絨毛があり、側面は白や黄色となっている。前後の翅は三角形となっており、表面には白い粉がついている。後の翅の背面には翅脉がはっきりとあり、翅脉に沿って黒い模様がついている。翅脉の間は綺麗な黄色で、前縁には深い黄色の斑点がある。肢は細長く黒い。股節の背面は黄色。成虫は昼間に行動し、花によくとまる。休憩中は翅を畳んでいる。中国南西部やチベット東南部の林に分布する。

Aporia bieti

漢名：暗色絹粉蝶（ミヤマシロチョウ）

チョウ目　シロチョウ科

翅を広げた大きさは約53ミリ、Aporia martinetと非常に似ている。触角は細長く、黒色で前に延びている。胸や背、腹部には灰色の絨毛があり、側面は灰色が入った黄色。前後の翅は三角形になっており、表面には白い粉がついている。縁は黒くなっている。後翅の背面にははっきりとした翅脈があり、それにそって黒い模様がある。脉がない部分は白や黄色の線状の模様があるが、それほど綺麗な黄色ではない。肢は細長く黒く、股節の背面は灰色の入った黄色となっている。成虫は昼間に行動し、よく花にとまる。停まっている時は翅を束ねる。雨の後に群れで水溜りの塩分を摂取する様はとても美しい。中国西部のチベット東南部の林に分布する。

第 4 章 昆虫

Colias fieldii

漢名：橙黄豆粉蝶（ミヤマモンキチョウ）

チョウ目　シロチョウ科

翅を広げた大きさは約45ミリ、頭部や胸部、触角の背面はピンクや赤色となっている。前翅は三角形、後翅は楕円形となっている。表面はオレンジや赤色で、翅縁には黒褐色の線があり、反対側はピンクや赤色となっている。前翅の背面の真ん中には黒く中が白い斑点がある。後翅の真ん中には白い大きな丸があり、その上には小さな外縁がピンク色の白い斑点がある。肢は細長く、黄色で、後肢の股節と脛節の背面はピンク色になっている。成虫は昼間に行動し、よく花に停まる。休憩時は翅を束ねている。中国の中部や西部、南西部、チベット東南部の林に分布する。

Melitaeajezabel

漢名：黑網蛺蝶（タテハチョウ）

チョウ目　タテハチョウ科

翅を広げた大きさは約42ミリ、触角は細長く、黒に白い円模様があり、末端は膨らんでおり、表面はオレンジ色をしている。胸や腹部の表面には黒褐色の絨毛がある。前翅は三角形で、後翅は楕円形をしている。表面は黄褐色で、不規則に黒褐色の斑点がある。翅の縁には褐色の線があり、白い毛が生えている。後翅の背面は淡い黄色から黄褐色に変わっており、前、中、後にそれぞれ銀白色の斑点が横1列にある。肢は細長く、黄褐色。成虫は昼間に行動し、よく花にとまる。翅は常に平行に開いている。中国南西部、チベット東南部の林に分布する。

第 4 章 昆虫

Vanessa cardui

漢名：小紅蛺蝶（ヒメアカタテハ）

チョウ目　タテハチョウ科

翅を広げた大きさは約 40 ミリで、触角は細長く黒い。末端は白い。胸や腹部の背面には黄褐色の絨毛がある。前後の翅は三角形で、前翅の表面は黒褐色で、翅の生え際の近くは前縁から後縁にかけて「3」字の黄褐色模様がある。翅の末端には幾つかの白い斑点があり、縁には白い毛がある。後翅の表面は黄褐色で、縁の前部には幾つかの黒い丸がある。翅の後縁に近い部分には黒い三角形がある。成虫は昼間に行動し、地面や枯れ木の上の塩分を好む。翅は常に開いている。中国の低地の平原から 4000 m の高原まで広く分布する。

Paralasa herse

漢名：耳環山眼蝶（ウスイロコノマチョウ）

チョウ目　タテハチョウ科

翅を広げた大きさは約 36 ミリ、触角は細長く、灰色に白い線が入っている。頭部と胸には灰色の絨毛がある。前後の翅は三角形で、前翅の表面は赤褐色、縁は灰色。末端に近いところには真ん中が白く周りが黒い円がある。後翅の表面は赤褐色。前翅の背面には表面と似たような模様があるが、黒の円の外側にもう 1 つオレンジ色の円がある。成虫は昼間に行動し、地面などの塩分を摂取する。翅は常に束ねている。チベット東南部の海抜の高い林に分布する。

第4章 昆虫

Albulina orbitula

漢名：婀灰蝶（クモガタヒメシジミ）

チョウ目　シジミチョウ科

翅を広げた大きさは約26ミリ。触角は細く短く、黒に白い円模様がある。頭部と胸には灰色や白の絨毛がある。前後の翅は三角形で、雄の翅の表面は青色で光沢がある。雌は茶褐色。雄の後翅の背面は白く、幾つかの白い楕円模様があり、その他の部分は淡い青色で光沢がある。雌の後翅の背面は暗く淡い灰褐色になっている。成虫は昼間に行動し、よく花にとまる。翅は常に束ねている。図は雄と雌の交尾の瞬間である。上が雌、下が雄。チベット高原に分布する。

Celastrina oreas

漢名：大琉璃灰蝶（ウラジロミドリシジミ）

チョウ目　シジミチョウ科

翅を広げた大きさは約30ミリ。触角は細短く、黒に白い円模様がある。頭部や胸には白い毛がある。前後の翅は三角形で、雄の翅の表面は青紫色で光沢がある。雌は茶褐色で、中央部には青紫色の模様がある。雄の後翅の背面は白く、幾つかの黒い斑点がある。後縁の近くには黒い斑点が回旋するように散りばめられており、ほかの部分は灰色となっている。肢は細短く、黒に白い斑模様がある。成虫は昼間に行動し、花や木の葉についた水滴を吸う。翅は常に束ねている。チベット東南部に分布する。

第 4 章 **昆虫**

Esakiozephyrus bieti

漢名：江崎灰蝶（エサキハイイロシジミ）

チョウ目　シジミチョウ科

翅を広げた大きさは約 28 ミリ。触角は細短く、黒に白い円模様がある。末端は膨らんでおり表面はオレンジ色。頭部と胸には黄褐色の絨毛がある。前後の翅は三角形で、雄の翅の正面は褐色に金属のような光沢がある。雄の前後の翅の背面は褐色で、弧形の白い模様があり、その内側は赤褐色となっており、後翅の末端はやや出ている。肢は細短く、黒に白い斑点がある。成虫は昼間に行動し、岩の上の水を吸う。常に翅を束ねている。チベット東南部の林に分布する。

Desoria sp.

漢名：德跳虫（ツチトビムシの一種）

トビムシ目　ツチトビムシ科

トビムシ類は広義上では昆虫だが、分類学では弾尾目に分類される。昆虫と同じく節足動物門6脚上綱内顎網の1種である。腹部には弾器があり、刺激を受けると跳ねて逃げる。体長は約2ミリで、表面には鱗片があり、細かい剛毛がある。頭部や胸には暗い紫色の斑点がある。触角は四節まであり、2〜3節は同じ長さで、淡い紫色で、末端はより濃くなっている。脛節と足根は淡い紫色。昼間は枯木や落ち葉に隠れている。チベット東南部の針葉樹林に分布する。

第 4 章 昆虫

Rhogogaster sp.

漢名：齒唇葉蜂（ハバチの一種）

ハチ目　ハバチ科

体長は約 15 ミリ。身体は緑色で、背面には黒い斑点がある。頭部は広く、複眼が大きく、金属のような光沢がある。触角は細短く、淡い黄色である。上顎は強く鋭い牙を持つ。前翅は透明で、前縁には緑色がついている。肢は細長く、股節は緑色で、脛節と足根は淡い黄色。成虫は草むらや灌木の中で活動し、花にとまり小型の昆虫を捕らえて食べる。ようは植物を食べる。チベット高原に分布する。図はハバチがバッタの餌になっている瞬間である。

Empoasca yanhuana

漢名：煙黃小綠葉蟬（ヨコバイ）

カメムシ目　ヨコバイ科

（右図）体長は約 3 ミリ。頭部や胸、翅の前部は蝋質な白となっている。頭頂部は前に出ており、黄色に黒い斑点がある。複眼は大きく褐色。前胸腹板は長方形で、青色に大きな黄緑の斑点がある。小楯片は三角形で濃い青色をしている。前翅は緑色で、両翅の接合部は青色で、1 本の線状となっており、翅の末端は青くなっている。後肢の股節と脛節は青く、脛節には長いトゲがあり、跳ぶのを得意とする。樹液を好む。チベット東南部の林に分布する。

144

第4章 昆虫

Tomocerus sp.

漢名：鱗跳虫（ヒメトゲトビムシ）

トビムシ目　ツチトビムシ科

体長は約3ミリ。身体は深い褐色の鱗片に覆われていて、頭部や胸部は黒く、頭部の前半は色が濃く、両目の間には深い色の横線がある。触角は四節まであり、第3節が一番長く、第2、第3、第4節は淡い紫色、末端は更に濃い色となっている。脛節と足根は淡い紫色。各関節の側面には剛毛がある。昼間は枯れ木や落ち葉に隠れ、夜になると食物を探す。チベット東南部の針葉樹林に分布する。

Pedetontus sp.

漢名：跳蚋（イシノミの一種）

イシノミ目　イシノミ科

体長は約12ミリで、翅がないのが特徴。身体は錐形に近く、胸部はやや太く、背は膨らんでいる。表面は異なる形の鱗片に覆われ、金属のような光沢がある。色は全体的に灰褐色で、複眼は大きく、左右の目は身体の真ん中で繋がっており、眼鏡のようにも見える。腹部の末端には3本の尾があり、真ん中のだけ長くなっている。苔の多い場所や落ち葉の、下、石の下などの暗く湿った場所で生活する。チベット東南部の林に分布する。

Ortherum sp.

漢名：灰蜻（シオカラトンボ）

トンボ目　トンボ科

中型のトンボで、図に載っているのは雌。体長は約55ミリ。頭部は黄褐色で、複眼は主に茶色。胸部は黄褐色で、側面は淡い黄色に細い黒線がある。肢にはトゲがあり、黒い。腹部は黄色で、各関節の側面には黒い模様があり、それぞれ1本に繋がっている。第八腹節の側面は下に向かって三日月型に湾曲している。これは雌だけに見られる特徴である。林の中の池に生息し、休憩時は翅を広げ下に垂らしている。中国南西部の山地に分布する。

Nemoura sp.

漢名：叉襀（オナシカワゲラの一種）

カワゲラ目　オナシカワゲラ科

前胸腹板と背は正方形に近く、身体は黒い。前後の縁は淡い緑色である。翅は半透明であり、脉は黒く、網状となっている。肢は黒い。稚虫は渓流にある石の隙間で生活し、成虫は夏秋に羽化し、渓流の石の上に登る。チベット東南部の森林や渓流に生息する。稚虫はこの地域の水質に非常に敏感で、水質の計測をする際に役立っている。

147

第4章 昆虫

Kamimuria sp.

漢名：鉤䘆（カミムラカワゲラの一種）

カワゲラ目　カミムラカワゲラ科

体長は約17ミリ。複眼の間には丸い褐色の斑点がある。触角は細長く、前胸腹板は暗い褐色である。前後の縁は弧状となっている。翅は半透明に褐色の脉があり、網状となっている。肢は黒褐色。稚虫は渓流にある石の隙間で生活し、成虫は夏秋に羽化し、渓流の石の上で生活する。チベット東南部の綺麗な森林や渓流に分布する。

Forficula uvarovi

漢名：烏球螋（ハサミムシ）

ハサミムシ目　ハサミムシ科

体長は約15ミリ。身体は褐色で、やや平たい円柱のような形となっている。触角は長く、前翅は短く、革質。後翅は1枚の膜のようで、前翅の下に隠れている。腹部の両側は平行で、末端にハサミのような尾がある。尾は細短く、真っ直ぐ伸びて、2つに分かれている。図は脱皮をしたばかりの状態でやや白くなっている。石の下で生活し、飛ぶのは得意ではない。チベット東南部の海抜の高い林に分布する。

Acanthosoma sp.

漢名：刺同蝽（ハサミツノカメムシ）

カメムシ目　カメムシ科

体長は約 11 ミリ、幅は約 6 ミリ。幅の小さい楕円形をしている。前胸腹板は暗い緑色で、前縁は淡い赤褐色で、後方は角のように出ており、色は黒い。小楯片はやや大きく、正三角形となっており、点々模様がある。前半部は赤褐色、後半部は淡色。末端はやや出ており、明るい色をしている。肢は淡い緑色。チベット東南部の高山に分布する。

Cnizocoris davidi

漢名：模螳瘤蝽（ヒゲブトカメムシ）

カメムシ目　ヒゲブトカメムシ科

体長は約 9 ミリ、腹部の幅は約 4 ミリ。楕円形で、背面は褐色で、腹部は黄緑色、複眼は赤色。触角は短く、褐色。その後方と前胸の側面には白い斑点がある。前肢はカマキリのような鎌を持った特化したものとなっており、前胸背板はやや出ている。植物の葉に隠れ、小型の昆虫を食べる。中国南西部の高山に分布する。

第 4 章 昆虫

Stictopleurus sp.

漢名：環縁蝽（ブチヒメヘリカメムシ）

カメムシ目　ヘリカメムシ科

身体は長方形に近く、体長は約 6 ミリ。褐色に絨毛が微かにある。触角は細長く、第 4 関節は尖っており、暗い黄色で、その他の部分は黒色。前胸背板の側面と後縁はやや出ており黒い。翅の生え際は腹部と重なっており、腹節の側面には褐色と白色の間の色の模様がある。肢は淡い黄褐色に黒い斑点がある。植物を食べる。チベット東南部の林に分布する。

Lygocoris sp.

漢名：淡麗盲蝽（ツヤメクラガメ）

カメムシ目　メクラガメ科

身体は長方形に近く、体長は約10ミリ。前翅の両側は平行となっており、半透明。背は淡い緑色。触角は細長く、前胸背板はやや傾いており、前縁には2つの黒い斑点がある。後縁には4本の黒い線があり、縁の末端は赤くなっている。後肢の股節と脛節の連結部には赤褐色の斑点がある。植物を食べる。チベット東南部の林に分布する。

Pseudomezira kashmirensis

漢名：克什米爾似喙扁蝽（ヒラタカメムシ）

カメムシ目　ヒラタカメムシ科

身体は楕円形で、体長は約6ミリ、幅は約3ミリ。暗い茶色にシワのよう模様がある。頭部と前胸腹板、小楯片は黒く、触角と肢はやや短く、黒い。翅の生え際は腹部と重なっており、第10腹節の両側は後ろに向かって気管のように延びている。成虫と若虫は枯れ木や木の皮の下で生活し、菌類を食べる。チベット東南部の林に分布する。

第4章 昆虫

Chrysopa sp.

漢名：草蛉（クサカゲロウの一種）

アミメカゲロウ目　クサカゲロウ科

体長は約15ミリ。身体は軟らかく緑色。頭部には斑模様があり、複眼には光沢がある。触角は線状で翅より短い。前翅は透明で、翅脉は緑色。腹部の背面には黄色の模様がある。主にアブラムシを食べる。チベット東南部の林に分布する。

Wesmaelius sp.

漢名：叢褐蛉（カゲロウの一種）

アミメカゲロウ目　カゲロウ科

体長は約12ミリ。身体は軟らかく、暗い褐色をしている。複眼と前翅には光沢がある。触角は線状で、翅より短い。前翅は透明で、縁には細い毛があり、翅脉ははっきりとしている。後縁の真ん中には黒い斑点があり、末端は丸い。主にアブラムシやカイガラムシを食べる。チベット東南部の高山に分布する。

Drepanacra sp.

漢名：鉤褐蛉（ゴウカゲロウ）

アミメカゲロウ目　カゲロウ科

（左図）体長約13ミリ。身体は軟らかい。頭部と胸部は淡い黄褐色で、複眼には金属のような光沢がある。触角は線状で、翅より短い。前翅は半透明で、淡い黄褐色。縁には細い毛があり、翅脈ははっきりとしており、後方には褐色の斑点があり、末端はやや上に向かって曲がっている。アブラムシや小型の昆虫を食べる。チベット東南部の高山に分布する。

Limonia sp.

漢名：亮大蚊（ガガンボの一種）

ハエ目　ガガンボ科

（下図）体長は翅を含み約10ミリ。大きな蚊のようである。身体は灰色、胸部の背面には黒褐色の線模様があり、側面には2本の深い褐色の線がある。翅は1対しかなく、細長く、透明で黒褐色の斑点がいくつもある。常に腹部の上で畳んでいる。肢は細長く褐色で、簡単にとれる。幼虫は枯れ木の中で生活し、成虫はよく花にとまる。血は吸わない。チベット東南部の林に分布する。

153

第4章 昆虫

Chrysopilus sp.

漢名：金鷸虻（アブの一種）

ハエ目　アブ科

体長は約5ミリ、ハエにやや似ている。複眼は大きく、青銅のような緑色をしている。胸部は灰色で、金色の絨毛に覆われている。翅は透明で、翅脉ははっきりとしており、後縁付近には黒色の斜線があり、その下には退化した後翅が見える。肢は細長く、褐色。湿った場所を好み、幼虫は枯れ木や落ち葉に潜り生活する。チベット東南部の林に分布する。

Cophinopoda sp.

漢名：單羽食蟲虻（アオメアブ）

ハエ目　ムシヒキアブ科

身体は細長く、体長は約23ミリ。複眼は大きく、青銅のような緑から赤褐色に変わっている。胸部の中間は灰色、背面には黒い模様があり、長い毛で覆われており、半弧状に膨れ上がっている。翅は半透明で、翅脉ははっきりとしており、灰色。腹部は細長く、後ろにいくにつれ細くなっており、白い毛で覆われている。肢は細長く、トゲのような毛があやら、股節と足根は黒く、脛節のほとんどが黄褐色である。灌木林に生息し、速い速度で飛行する。空中の小型昆虫を捕食する。チベット東南部の林に分布する。

Empis sp.

漢名：舞虻（オドリバエの一種）

ハエ目　オドリバエ科

体長は約8ミリで、小型のムシヒキアブのような姿をしている。頭部には発達した刺のような口器があり、複眼はやや大きく灰褐色。その後方には白い毛が生えている。胸は灰色で、淡い金色の絨毛と何本かの黒い毛に覆われている。翅は半透明で、翅脉ははっきりとしており、褐色である。腹部は灰色や白色で、背面には黒い斑点がある。肢は細長く黄褐色。湿った場所を好み、ハエやアブなどの小型の昆虫を捕食する。チベット東南部の林に分布する。

Anastechus sp.

漢名：雛蜂虻（ツリアブの一種）

ハエ目　ツリアブ科

体長は約12ミリ。身体はやや丸く、全身に黄褐色の絨毛が生えており、1枚の毛皮を羽織っているように見える。頭部には細長い口器があり、複眼はやや大きく、灰色がかった緑色である。翅は透明で、翅脉ははっきりとしており、生え際は褐色となっている。腹部の末端は白い毛がある。肢は細長く褐色。道端の花などにとまり、花の蜜を食べる。チベット東南部に分布する。

第 4 章 昆虫

Acrocera sp.

漢名：小頭虻（コガシラアブの一種）

ハエ目　コガシラアブ科

体長は約 12 ミリで、身体は丸い。全身に黄褐色の絨毛があり、頭部には細長い口器がある。しかし前ではなく身体に向かって向かって生えている。複眼は大きく黒い。中胸腹板はやや膨らんでおり、コブのようになっている。翅は透明で、翅脈ははっきりとしている。肢は細長く、黒に黄褐色の絨毛が生えている。飛行速度は速く、よく花にとまる。チベット東南部の林に分布する。

Hybomitra sp.

漢名：瘤虻（アブの一種）

ハエ目　アブ科

体長は約 13 ミリで、ハエとよく似ている。触角は鋭く上に伸びており、複眼は大きく黒褐色で、2 つの複眼はほとんど繋がっている。中胸腹板はやや膨らんでおり、側面には絨毛がある。翅は半透明で、翅脈がはっきりとしている。中央部には不規則な褐色の斑点がある。腹部は黒く、第 2 から第 6 節は黄金色の絨毛に覆われている。肢は細長く黒い。飛行速度が速く、哺乳類動物の血を吸う。チベット東南部に分布する。

Volucella sp.

漢名：蜂蚜蠅（ベッコウハナアブ）

ハエ目　ハナアブ科

体長は約12ミリで、ハエにもハチにもよく似ている。複眼は大きく黒褐色。2つの複眼はほとんど繋がっている。中胸腹板の側面には黄褐色の絨毛がある。翅は透明で、翅脉ははっきりとしており、前縁は褐色となっている。胸部と腹部の結合部分は白い絨毛で覆われており、腹部のほとんどが黒く、腹節は白くなっている。肢は細短く、前と中肢の股節と足根は黒く、脛節は灰色や白となっている。飛行速度は速く、花によくとまる。幼虫は巣の中で生活し、死んだ幼虫を食べる。チベット東南部に分布する。

Rhingia brachyrrhyncha

漢名：短喙鼻顔蚜蠅（ハナアブの一種）

ハエ目　ハナアブ科

体長は約12ミリで、ハエによく似ている。複眼は大きく赤褐色。額部には突起があり、長い鼻のようでもある。中胸腹板はやや膨らんでおり、淡い黄色の絨毛に覆われている。翅は透明で、翅脉がはっきりしている。腹部の背面は黄褐色で、側面は黒褐色。肢は細短く黒色。飛行速度は速くよく花にとまる。チベット東南部に分布する。

第4章 昆虫

Sicus sp.

漢名：黄額眼蠅（メバエの一種）

ハエ目　メバエ科

体長は約12ミリ。頭部の幅は広く、胸部と同じくらいある。複眼は大きく赤褐色。額は淡い黄色で、触角は下に垂れている。中胸腹板はやや膨らんでおり、背面は黒く絨毛があり、側面は赤褐色。翅は半透明で灰色。腹部の背面は赤褐色で湾曲している。肢は細長く赤褐色。足根は淡い黄色。とても敏感でほとんど近づけない。花を好む。チベット東南部の高山に分布する。

Cornutrypeta sp.

漢名：巨額毛實蠅（ミバエの一種）

ハエ目　ミバエ科

体長は約7ミリ。頭部は広く、胸部と同じくらいの幅があり、深い黄色をしている。複眼は大きく、虹色の光沢がある。触角は下に垂れている。頭頂にはいくつかの長い黒い毛があり、睫毛のようにも見える。中胸腹板はやや膨れており、背面は黒く、側面は黄色となっている。翅は半透明で灰色に不規則な褐色の斑点がある。腹部は短く、褐色。肢は細長く、黄褐色。チベット東南部の高山に分布する。

Nemoraea sp.

漢名：柔寄蠅（ヤドリバエの一種）

ハエ目　ヤドリバエ科

体長は約9ミリで、身体は黒く長い毛がある。複眼は大きく、赤褐色。2つの複眼はほとんど繋がっている。触角は下に垂れている。中胸腹板は膨れており、翅は透明で、翅脉がはっきりとしている。翅には虹色の光沢を反射する。腹部は棒状で、末端は尖っており毛が密集している。肢は細長い。成虫はよく花にとまる。幼虫は毛虫などに寄生する。チベット東南部の林に分布する。

Scathophaga sp.

漢名：黄糞蠅（ヒメフンバエ）

ハエ目　フンバエ科

体長は約12ミリ。身体は黄褐色に長い毛が生えている。頭部はピンク色で、複眼はやや出ており、赤褐色。その下は白く、触角は下に垂れている。中胸腹板はやや膨らんでおり、黒い毛がある。翅は透明で、生え際などは琥珀色である。腹部は丸く、黄褐色の毛がある。肢は細長く黄褐色。成虫は牛の糞などに登りほかのハエを捕食する。雌は糞の中にタマゴを産む。チベット東南部に分布する。

第4章 昆虫

Hydropsyche sp.

漢名：高原紋石蛾（シマドビゲラの一種）

トビケラ目　シマドビゲラ科

体長は約15ミリで、蛾によく似ている。翅の表面には鱗片はなく絨毛が生えている。頭頂部は黒褐色で、触角はやや細長い。中胸腹板は褐色で絨毛がある。前翅には黄褐色の斑点があり、後翅は灰色で前翅より小さい。止まっている時は束ねてある。肢は細長く、黄褐色。成虫は夜行性で、昼間は渓流にある石や枯れ木などに隠れている。幼虫は綺麗な渓流に生息し、水質の検査にも役立っている。チベット東南部の海抜の高い林に分布する。

Glyphipterix sp.

漢名：雕蛾（モドキガの一種）

チョウ目　モドキガ科

小型の蛾の種目で、翅を広げた大きさは約10ミリ。頭部は灰褐色で、触角の前半部はやや太く絨毛があり、後半部は細くなっている。前翅は灰色に金色のような光沢があり、中央部には細い白黒の線がある。後縁には長い毛が生えている。肢は主に黒く、やや太い。止まっている時は翅を束ねているが、ぴったりと重なってはいない。陽の光の下で飛び、花の蜜を吸う。幼虫はイヌクグ科の植物を食べる。チベット東南部の林に分布する。

Sorolopha sp.

漢名：花小斑蛾（ヒメハマキガ）

チョウ目　ハマキガ科

小型の蛾の種目で、翅を広げた大きさは約15ミリ。頭部は灰色が入った黄色で、触角は細短く、やや上に伸びている。前翅は黄褐色で、中後部は黒褐色に不規則な銀色の斑点がある。翅の末端には灰色の毛がある。肢は細短く、黒や黄色となっている。止まっている時は前翅が重なっており、やや湾曲している。昼間は落ち葉に隠れている。チベット東南部の林に分布する。

Artona sp.

漢名：霜尺蛾（マダラガの一種）

チョウ目　マダラガ科

小型の蛾で、翅を広げた大きさは約20ミリ。頭部と触角は黒色である。胸部の背面は暗い褐色で、前の両角には黄色の斑点がある。前翅は暗い褐色に4つの黄色の斑点があり、それぞれ前、真ん中、後ろにある。末端には灰色がかった黄色の毛が生えている。肢は細短く黒色。止まっている時は両翅を合わせており、やや重なっている。昼間に活動をする。チベット東南部の林に分布する。

第4章 昆虫

Alcis sp.

漢名：霜尺蛾（ナカウスエダシャク）

チョウ目　シャクガ科

中型の蛾で、翅を広げた大きさは約32ミリ。触角は細短く、灰色に白い円模様がある。胸や腹部の背面は灰色の絨毛と少量の褐色の絨毛がある。前後は灰色で、不規則な褐色の模様がある。肢は細短く灰色。止まっている時の翅は開いており、前の翅は合わさらない。昼間は木の皮などに隠れている。チベット東南部の林に分布する。

Hypomecis sp.

漢名：塵尺蛾（シャクガの一種）

チョウ目　シャクガ科

中型の蛾で、翅を広げた大きさは約30ミリ。触角は細短く灰色。胸部と腹部の背面は灰色の絨毛に褐色の斑点がある。前後の翅は灰色や白に、不規則な褐色の斑点がある。模線ははっきりとしており、後縁は緑色がかった黒色をしている。肢は細短く灰色。止まっている時の翅は開いており、前翅は重ならない。昼間は木の皮に隠れている。チベット東南部の林に分布する。

Electrophaes sp.

漢名：褐齒紋波尺蛾（キンオビナミシャク）

チョウ目　シャクガ科

小型の蛾。翅を広げた大きさは約25ミリ。触角は細短く、後ろに向かって伸びている。胸部と腹部の背面は白い絨毛に褐色の斑点がある。前翅は灰褐色で、中央部には淡い褐色の斜線があり、斜線の縁は白いジグザグ模様で、後半部分から翅の後ろにかけては淡い褐色をしている。肢は細短く灰色。止まっている時は翅を広げており、前翅は重なっていない。昼間は木に止まって身を隠している。チベット東南部の林に分布する。

Euproctis sp.

漢名：黄毒蛾（ドクガの一種）

チョウ目　ドクガ科

小型の蛾。翅を広げた大きさは約15ミリ。触角は細短く、黄褐色である。胸部とふくの背面には黄色の絨毛がある。前翅は黄色から白色に変わっており、前縁は淡い褐色である。前縁付近には1つずつ黒い丸い斑点があり、後翅は黄色や白となっており、中央部には小さな黒い円かあり、前後の翅の縁には長い黄色の毛がある。肢は細短く、飛行能力が低く、止まっている時の前後の翅は重ならない。昼間は灌木に止まり身を隠している。チベット東南部に分布する。

163

第 4 章　昆虫

Lymantria sp.

漢名：舞毒蛾（マイドクガ）

チョウ目　ドクガ科

中型の蛾で、翅を広げた大きさは約 35 ミリ。頭部や胸部には灰褐色の絨毛があり、触角は細短く、後ろに向かって両側に収められている。前翅には斑模様があり、白い斑の間は黒くなっていたり、褐色の斑点がある。中央部には褐色の波線があり、後翅には月形の灰色の斑点がある。肢は細短く、灰褐色。止まっている時の前翅は建物の屋根のように合わさっているが、重なってはいない。昼間は木に止まり身を隠している。チベット東南部の林に分布する。

Asura sp.

漢名：艶苔蛾（ヒトリガの一種）

チョウ目　ヒトリガ科

小型の蛾で、翅を広げた大きさは約 17 ミリ。頭部は灰色や黄色で、触角は細長く、前に向かって伸びている。複眼は赤褐色。前翅は灰黄色に、中央部に褐色の丸が 2 つある。末端には長い灰黄色の毛がある。肢は細短く灰黄色。止まっている時の翅は少しだけ重なっている。昼間は葉の下に身を隠す。チベット東南部の林に分布する。

Callindra principalis

漢名：首麗燈蛾（ヒトリガ）

チョウ目　ヒトリガ科

中型の蛾。翅を広げた大きさは約65ミリ。頭部には赤い絨毛があり、額と複眼は黒い。胸の背面には3本の模様があり、真ん中は緑色、両側はオレンジ色である。胸部の表面は赤色。前翅は緑色に金属のような光沢があり、不規則な黄色の斑点がある。前縁の近くには等間隔に黄色の斑点が4つ並んでいる。縁は黒色である。肢は細短く、黒褐色。成虫は昼間に行動をする。チベット東部や南西部、チベット東南部と広く生息する。

Gonerda bretaudiaui

漢名：紫曲紋燈蛾（ヒトリガ）

チョウ目　ヒトリガ科

中型の蛾。翅を広げた大きさは約50ミリ。頭部と胸部にはオリーブ色の長い絨毛があり、複眼は黒く、胸部の背面には黒い模様が3つある。前翅はオリーブ色で、不規則な黒の帯状のシマウマのような模様がある。後翅は暗い赤色で、前、中、後ろにそれぞれ黒い帯広の模様があり、後ろの模様が一番大きい。前後の翅縁は黄色や白色となっている。肢は細短く黒い。成虫は光に集まる。チベット東南部の林に分布する。

165

第4章 昆虫

Amata sp.

漢名：鹿蛾（カノコガの一種）

チョウ目　カノコガ科

中型の蛾で、翅を広げた大きさは約40ミリ。触角は細長く黒い。縁は灰色や白色となっている。胸部の背面にはピンク色の絨毛があり、毛の末端は黒くなっている。前翅は細長く、半透明であり、琥珀色。翅脉は黒く、翅の末端は黒くなっている。後翅は短く、縁に黄色の毛がある。腹部は長方形に近く、やや丸い。黒色に黄色の横模様があり、末端は赤くなっている。肢は細短く黒い。成虫は昼間に行動し、花を好む。チベット東南部の林に分布する。

Macremphytus sp.

漢名：大曲葉蜂（ハバチの一種）

ハチ目　ハバチ科

体長は約15ミリ。頭部は広く、頭頂部は黒い。複眼は大きく出ており、金緑色である。胸部は黒く、両側には白い線がある。触角は細短く、前半部は白く、後半部は黒くなっている。前翅は半透明で黄褐色。肢は細長く、中と後肢の股節は黒褐色で、脛節と足根は黄褐色である。成虫は草むらや灌木林などで生活し、小型の昆虫を捕食する。幼虫は植物を食べる。チベット高原に分布する。

Megarhyssa sp.

漢名：馬尾姫蜂（オナガバチ）

ハチ目　ヒメバチ科

身体は極端に細長く、体長は約35ミリ（産卵管を含まない）。頭部は小さく黒色。触角は細長い。胸部と腹部は黒い。前翅は半透明で黄褐色、腹部に比べるとやや短い。腹部は細長く、前部はとくに細くなっている。末端には産卵管があり、身体の3倍近くの長さがある。後肢は細長く黄褐色。雌は触角を使い、木の皮の間の幼虫などを見つけ、腹部を曲げ産卵管を刺し、幼虫の体内に卵を産む。チベット東南部の林に分布する。

Arge sp.

漢名：三節葉蜂（ミフシハバチの一種）

ハチ目　ミフシハバチ科

体長は約10ミリ。頭部は胸部より小さく、黒い。触角は細短く黒く、3節しかなく、3節目が非常に長い。胸部の背面はオレンジ色である。前翅は広く、褐色に光沢があり、前縁と翅は黒い。肢は細長く黒い。成虫は草むらや灌木林などで生活し、雌は葉を切り、縁に卵を産む。チベット東南部の林に分布する。

第4章 昆虫

Apis dorsata

漢名：黑大蜜蜂（オオミツバチ）

ハチ目　ミツバチ科

働きバチ体長は約20ミリで、身体は黒く、胸部と第1腹節の絨毛は黄褐色である。第2から第5節にはそれぞれ白い絨毛が生えている。後肢の脛節は平たく花粉を掴めるようになっている。石の壁や屋根の裏などの涼しい場所に巣を作る。産密量は多くない。働きバチに雄雌の区別はなく、蜂の社会で労働力として巣の外でミツバチやクマバチのように活動する。オオミツバチの働きバチは凶暴で、産卵管は特化した針となっており、刺されると皮膚は赤く腫れ上がり、吐き気、発熱などを引き起こすため、早急な措置が必要となる。

Bombus tanguticus

漢名：山茛菪熊蜂（タングートマルハナバチ）

ハチ目　ミツバチ科

働きバチは身体に太い毛を生やしており、体長は約23ミリ。頭部は黒く、触角は細短い。胸部の絨毛とその側面は黄色く、毛先は黒い。翅は半透明で褐色である。腹部の前半部は黄色で、後半部は赤褐色となっている。肢は太く黒い。地面の中の鼠や兎などが掘った穴に巣を作る。チベット東南部に分布する。

Bombus keriensis

漢名：克里熊蜂（キリギリスマルハナバチ）

ハチ目　ミツバチ科

働きバチの体長は約25ミリ。頭部と胸部の絨毛は黒く、触角は細短い。胸部の前後は白い。翅は淡い褐色である。腹部の背面には黄色と黒色、赤褐色などの毛があり、赤と褐色の毛が最も多い。雨上がりに群れで水辺の水を飲む習性がある。地下に巣を作る。チベット東南部に分布する。

Formica candida

漢名：光亮黒蟻（ツヤクロヤマアリ）

ハチ目　アリ科

働きアリの体長は約5ミリ。頭部はやや長く、胸部よりも幅がある。触角は灰褐色で、胸や背は黒く、中胸腹板には光沢がある。腹部は第1節から第2節にかけて小さくなっており、細短く、三角形に近い。腹部の後方は錐形となっており黒褐色で、非常に光沢がある。表面には細かい毛が生えている。肢は褐色である。高山の草むらや針葉樹林の石の下などで生活する。チベット東南部に分布する。

169

第4章 昆虫

Myrmica bactriana

漢名：棒結紅蟻(クシケアリ)

ハチ目　アリ科

働きアリの体長は約4ミリ。身体は茶色で、頭部は胸部より幅がある。触角は灰褐色で、細かい絨毛が生えている。胸部には横線があり、中胸腹板の後ろには褐色の刺がある。腹部は第1から第2節にかけて小さくなっており、細短く、背面はやや出ている。腹部の後部は錐形となっており、やや光沢を放っている。表面には細かい毛が生えている。肢は《である。高山の針葉樹林の石の下に生息する。チベット東南部に分布する。

第5章 植物

　チベット東南部にはチベットの重要な森林地帯があり、本書には魯朗と巴松措の植物50科116属162種が収録されており、その内ラン科植物13種が国家Ⅱ級重要保護野生植物に認定されている。
　チベット地区には大きく6種の地帯がある。針葉樹林、高山灌木、高山草原、流石灘、湖畔湿地、村などの生活区である。その内、針葉樹林には主にクモスギ属とマツ属があり、他にもカラマツ属、ヒノキ属、ナラ属、灌木などの種類がまばらにあり、ノイバラ属やナナカマド属、カラマツソウ属、シオガマギク属などもよく見かける。高山灌木は主にツツジ属により構成されるが、多くのサクラソウ属やキジムシロ属も存在する。高山草原は主に草本植物があり、高山灌木から低木まで多くの種目がある。例えば、キジムシロ属やノミノツツジ属、イワウメ属、イワベンケイ属などがある。流石灘の植物はやや多様性に欠けており、所々にあるセイタカダイオウやトウヒレン等の植物以外には、草むらとの境界に生えているメコノプシス属やヤナギ属、ユキノシタ属などの植物が生えている。湖畔湿地の範囲としては、河川なども含まれており、渓流沿いの湿草やサクラソウ属、アヤメ属、シオガマギク属、キンポウゲ属等の植物が典型的な景色を構成している。また、湖の中の水生植物はヒルムシロ属を主とし、渓流にはミズキンポウゲ属やミズハコベ属などが主に生えている。村などの生活区にはムラサキ属などの広布種が主に生えている。
　この区域には多くの「高原4大花卉」があり、本書にはメコノプシス属の植物5種が収録されており、森林から草むら、流石灘まで分布している。その個体数量は比較的に多く、観賞価値が高く、ツツジ属やサクラソウ属などの植物は絨毯のように一面を染めている。リンドウ属の植物は比較的少ない。その他にも、セイタカダイオウやイチリンバイモ、リリウム ナヌム、ストレプト パラシンプレックス、ヘンシカラマツ、イリス クリュソグラペス、イワヒゲ属等もとても美しい種類である。

第5章 植物

複散形花序
Compoundumbet

輪状集散花序
Verticillaster

肉穂花序
Spadix

円錐状に配列した頭状花所
Head

第 5 章 植物

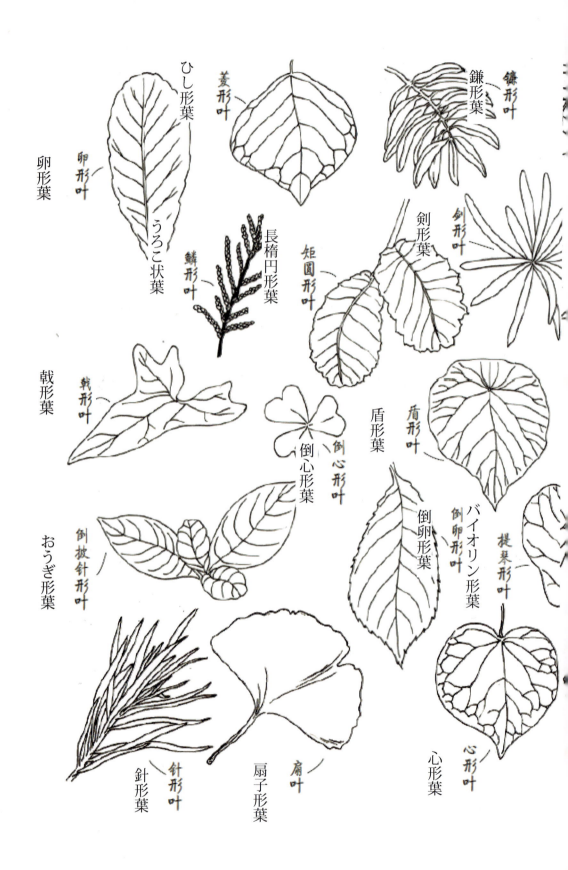

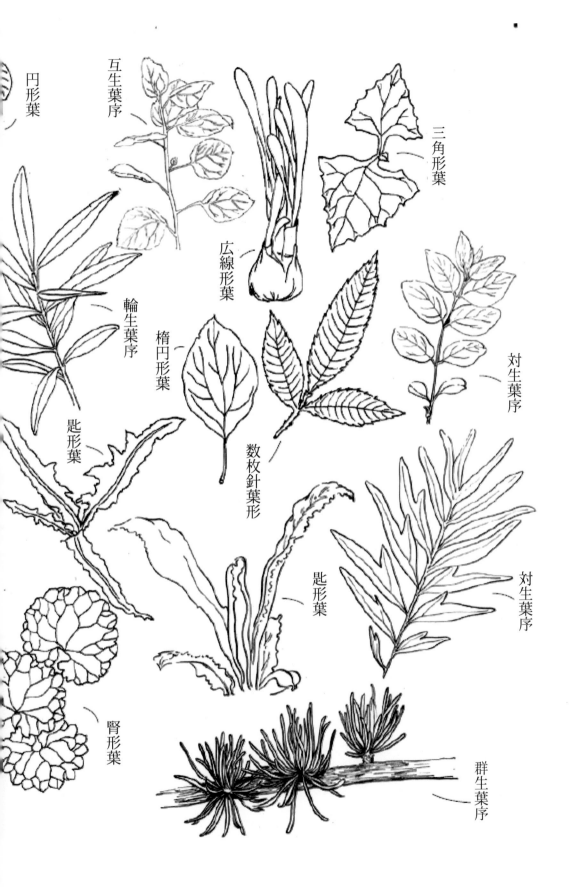

175

第 5 章 **植物**

▲ パソン・ツォ国王宝座山峰

第 5 章 植物

▲ルランの草地・湿地生態

第5章 植物

メコノプシス

Meconopsis

Meconopsis betonicifolia

漢名：藿香葉綠絨蒿（メコノプシス・ベトニキフォリア）

ケシ科　メコノプシス属

1年生植物でもあり、多年生植物でもある。根茎は短く太く、枯れた葉柄が被さっている。葉は錆色で、枝分かれした多くの柔毛がある。茎は真っ直ぐで太く、高さは30～150センチあり、分枝はしてない。少しだけ錆色の柔毛がある。根出葉は卵型から成る。花は3～6輪あり、最上部の茎生葉脇の内側から生えている。時々下部の茎生葉脇の内側からも生える。花梗は真っ直ぐで、長さは約28ミリ。花芽は卵のような形をしており、所々に錆色の柔毛がある。花弁は一般的には4枚だが、稀に5～6枚のものもある。花びらは卵のような形や、丸などの形をしており、空色や紫色で、明確な模様がある。花糸は糸状で、白く、葯は長い楕円形で、長さは約1ミリ、オレンジ色や黄色である。蒴果は長い円形で、はっきりとした模様がある。花実は6月から11月の間に実る。中国雲南の北西部とチベット東南部（林芝、米林、錯那）など、海抜3000～4000メートルの林などに生える。チベット魯朗、巴松措などの高海抜地区の観賞性のある植物である。

Meconopsis integrifolia

漢名：全縁葉綠絨蒿（メコノプシス・インデグリフォリア）

ケシ科　メコノプシス属

1年性植物でもあり、多年生植物でもある。全体が錆色や黄金色で、いくつかの分枝する長い柔毛を持つ。茎は太く、高さは約150センチあり、太さは2センチ、分枝はしていない。根出葉は蓮座状で、その間には鱗形片状や倒披針形、倒卵形、鍵形などの葉が生えており、最上部の葉は輪生状に近い形となっている。一般的に花は4～5輪ですが、時々18輪まで増えることもある。花芽は卵形、萼片は舟形、外側には毛が生えている。花弁は6～8、円形や倒卵形に近く、黄色や白色、稀に褐色の模様がある。花糸は線状で、黄金色や成熟期には褐色などになる。葯は卵形や長い円形で、後方は黄色から黒となっている。蒴果は楕円形である。花実は5～11月に実る。中国甘粛省の南西部や青海東部から南部、四川西部や北西部、雲南北西部や北東部、チベット東部などの海抜2700～5100メートルの草むらや林に分布する。

181

第 5 章 **植物**

Meconopsis pseudohorridula

漢名：擬多刺綠絨蒿（メコノプシスニトウセイ）

ケシ科　メコノプシス属

1年生植物で、全体に黄褐色の硬いトゲが生えている。葉は全て根から生えており、卵形などとなっている。葉の表面は黄緑色、背面には白い粉が付着しており、両面に黄褐色の硬い刺があり、葉脈は背面の方がはっきりとしている。花葶は数枚あり、太く、黄褐色の硬い刺に覆われている。花の下にも刺が多くある。花は花葶の上に1輪だけ生えている。花芽は球状で、萼片の外側には刺がある。花弁は倒卵形で、淡い青紫色。花糸は線状で、花弁と同色。葯は円形や長めの円形でオレンジ色。花実は7〜8月に実る。チベット東南部(林芝)の海抜4700メートルの山地に分布する。

Meconopsis simplicifolia

漢名：單葉綠絨蒿（メコノプシス・シンプリシフォリア）

ケシ科　メコノプシス属

（右図）1年生植物でもあり、多年生植物でもある。高さは20〜50センチ。枯れた葉に覆われており、上部は茶色や黄褐色となっており、分枝する剛毛がある。根は細く、約13センチ。葉は全て根から生えており、蓮座状となっており、葉は倒披針形や披針形、卵状披針形となっており、縁は鋸歯縁や前縁となっている。両面に分枝した毛があり、背面の中脈と外側の脈ははっきりとしている。花はやや下に垂れており、花茎の上に1つ生えている。花茎は1〜5枚あり、剛毛に覆われている。剛毛は初め、それぞれが貼りついている。花芽は卵形。花茎の側面には分枝した剛毛が生えている。花弁は5〜8枚で、倒卵形、紫色から青色となっている。花糸は線状で、花弁と同色。葯は長い円形でオレンジ色。蒴果は細長い円形や楕円形となっている。花実は6〜9月に実る。チベット東南部から中南部の海抜3300〜4500メートルの灌木林や石の隙間から生える。

第 5 章 **植物**

プリムラ

Primula

Primula calderiana

漢名：暗紫脆蒴報春（プリムラ・カルデリアナ）

サクラソウ科　サクラソウ属

多年生植物であり、細太い茎と長い根を持つ。掌状複葉であり、葉は長い円形から鍵形などがあり、生え際は細くなっている。縁は揃った歯縁。花茎は5〜30センチあり、先端はややピンク色となっており、傘形の花序に10輪の小さな花が花碗状に生えている。花弁は暗い紫色で、卵形から円形などがあり、先端はやや凹んでいる。蒴果は球状である。花は5〜6月に咲き、花実は7〜8月に実る。海抜3800〜4700メートルの草原や水辺に自生する。チベット南部から東南部に分布する。

Androsace sublanata

漢名：綿毛點地梅（アンドロサケ・サブラタ）

サクラソウ科　トチナイソウ属

多年生植物の低めの草本である。葉は同じところから生えており、蓮座状となっている。長い円形で、背面には綿のような長い毛が生えており、先端は尖っている。花茎の高さは9〜30センチあり、長い毛に覆われている。傘形の花序に3〜11輪の小さめの花があり、歯車のようになっている。花弁は4か5枚で、赤ピンクから赤紫となっている。卵形で、先端はやや広くなっており、その他の部分は暗い黄色となっている。花は6~7月、花実は8〜9月に実る。山地の草むらや灌木林など、海抜3000〜4000メートルに自生する。中国南西部やチベット東南部に分布する。

185

第5章 # 植物

Androsace bisulca

漢名：昌都點地梅（アンドロサケ・ビシュカ）

サクラソウ科　トチナイソウ属

多年生植物であり、株は不規則な半球形である。主根は木質で、茎はたくさん分枝している。枝には枯れ葉などが残る。葉は披針形で、先端がやや丸い。縁にはやや長めの柔毛がある。花茎は細く、長さは約2センチ、綿のような長い柔毛があり、先端は細くなっている。花序は傘形で、2～8輪の花がある。花の中央は黄色く、花弁は赤ピンクとなっており、外側に開けて下に垂れている。花は5～6月、花実は7～8月に実る。海抜3100～4200メートルの草むらに自生する。中国四川の西部やチベットの東部から東南部に分布する。

Primula cawdoriana

漢名：條裂垂花報春（プリムラ・コードリアナ）

サクラソウ科　サクラソウ属

多年生植物で、太く短い茎とヒゲ根を持つ。葉は倒披針形で、先端は丸く、ほかの部分は細くなっている。縁は鋸歯となっている。花茎は高さ6~15センチほど、先端はややピンク色となっている。花序は頭状花で3～6輪の小さめの花があり、長い鐘のような形となっており、垂れ下がっている。花弁は青紫色で、生え際は白くなっている。花弁は線状で、先端が針形に分かれている。花は8月に自生する。海抜4000～4700メートルの石の多い山地の草むらに自生する。チベット東南部に分布する。

186

Primula chungensis

漢名：中甸燈臺報春（プリムラ・クンゲンシス）

サクラソウ科　サクラソウ属

多年生植物である。根茎は極端に短く、下に向かって太く長い支根を伸ばしている。葉は楕円形で、先端が丸くなっている。生え際は細く、縁には薄い波紋に沿って浅い亀裂がある。花茎の高さは15～30センチで、上部は薄いピンク色となっている。花序は傘形で、2～5輪の花がある。花は小さく、歯車のような形をしている。花弁は5枚で、黄色く、長方形に近い。蒴果は卵円形。花は5～6月に自生する。海抜の高い林間や草むら、水辺に自生する。チベット東南部や四川南西部、雲南北西部に分布する。

Primula involucrata subsp. yargongensis

漢名：雅江報春（プリムラ・インウォルクラタサブスピー）

サクラソウ科　サクラソウ属

多年生植物であり、株は小さい。短い根のような茎があり、多くのヒゲ根を持つ。葉は掌状複葉で、卵形。先端は丸く、心形にも近い。葉の縁には目立たない小さな歯がある。花茎の高さは約15センチ、傘形の花序で、2～6輪の小さめの花があり、歯車のような形。中心は黄色く、花弁は5枚あり、淡い紫色からピンク色となっている。細長い心形で、草むらでは比較的目立つ。花は6～8月、花実は8～9月に実る。海抜3000～4500メートルの山地の湿った草地や沼地に自生する。チベット東南部や四川西部から雲南北西部に分布する。

第5章 **植物**

Primula bellidifolia

漢名：菊葉穂花報春（プリムラ・ベリディフォリア）

サクラソウ科　サクラソウ属

多年生植物。短い根のような茎を持ち、細いヒゲ根がある。葉は長い卵形で、先端は丸く、生え際はやや細い。淵には丸い歯がある。花茎の高さは 10 〜 35 センチ、先端はややピンク色となっている。10 輪ほどからなる頭状花序であり、花は下に垂れている。花弁は淡い青紫色で、卵形、先端は凹んでいる。蒴果は卵円形。海抜 4200 〜 5300 メートルの石の多い山地や杉林などに自生する。チベット南部から東南部に分布する。

Primula sikkimensis var. pudibunda

漢名：小鐘報春（プリムラ・シッキメンシス）

サクラソウ科　サクラソウ属

多年生植物で、太く短い茎と多くのヒゲ根を持つ。葉は長い楕円形で、蓮座状となっている。高さは約 15 センチ。花茎は細長く、約 40 センチ。先端には傘形の花序があり、10 輪ほどの花があり、下に垂れている。長さは約 3 センチで、花弁は黄色、縁はスカートのように開けている。蒴果は長い円形で、花は 9 〜 10 月に自生する。海抜 3200 〜 4400 メートルの湿った草むらや沼地、川辺などに自生する。チベット東南部、四川から雲南に分布する。

Primula alpicola

漢名：雑色鐘報春（プリムラムーンライト）

サクラソウ科　サクラソウ属

多年生植物で、太く短い根状の茎や長い根を持つ。葉はやや大きく、長い卵形で、先端はやや丸くなっている。縁には小さな丸い歯がある。花茎の高さは15〜90センチで、先端はややピンク色となっている。傘形の花序に数輪の小さな花があり、ラッパ状で下に垂れている。花弁は黄色や紫色、白色となっており、円形に近く、先端はやや凹んでいる。蒴果は筒状となっている。花は7月、花実は8〜9月に実る。海抜3000〜4600メートルの水辺や灌木林、草むらなどに自生する。チベット東南部に分布する。

Primula secundiflora

漢名：偏花報春（プリムラ・セクンディフロラ）

サクラソウ科　サクラソウ属

多年生植物。根状の太い茎を持ち、肉質な長い根がある。葉はほとんどが掌状複葉で、細い楕円形であり、先端がやや丸い。生え際は細く、縁には三角形の小さな歯がある。花茎の高さは10〜60センチ。傘形の花序に5〜10輪の花があり、花は鐘形で下に垂れている。長さは約3センチで、花弁は赤紫色で、外側はややピンク色。蒴果は長方形。花は6〜7月に咲き、花実は8〜9月に実る。海抜3200〜4800メートルの水辺や沼地、湿地に自生する。中国南西部やチベット高原に分布する。

第5章 **植物**

ロードデンドロン

Rhododendron

Rhododendron strigillosum franch. var.monosematum

漢名：紫斑杜鵑（ロードデンドロン・ストギロスムフレンチ）

ツツジ科　ツツジ属

常緑低木であるが、時々高木も見かける。高さは 2 ～ 5 メートルだが、高いものは 10 メートルに達するものもある。皮は灰色や灰褐色。若枝は淡い黄緑色に褐色の剛毛がある。葉は皮のような質感があり、通常は 5 ～ 8 枚ほどが枝の先端に生えており、円状披針形や倒披針形となっている。頂部には総状傘形の花序があり、8 ～ 12 輪の花がある。花茎は小さく、淡い赤色となっている。花冠は筒状で、深い赤色。内部には黒い斑点がある。花糸は白く、毛は無く、葯は長い楕円形となっている。花は 4 ～ 6 月、花実は 9 ～ 10 月に実る。中国四川の西部や南西部、南部、及び雲南北東部に自生する。海抜 1600 ～ 3580 メートルの岩場や杉林に分布する。

第 5 章 　植物

Rhododendron nivale

漢名：雪層杜鵑（ロードデンドロン・ニヴァレ）

ツツジ科　ツツジ属

常緑低木であり、多く分枝する。全体的に薄く、高さは通常で 60 〜 90 センチだが、稀に低いもので 30 センチ、高いもので 120 センチのものもある。若枝は褐色に錆色の鱗片がある。葉や目、鱗片などは落ちやすい。葉は密集して枝の先端に生えており、革質であり、楕円形や卵形、円形などもある。頂花花序で、1 もしくは 2 輪の花があるが、稀に 3 輪の場合もある。花冠は広く、赤ピンク色や様々な紫色となっている。蒴果は円形や卵形で、鱗片がある。花は 5 〜 8 月、花実は 8 〜 9 月に実る。チベット東南部、南部、東部から北東部に自生する。海抜 3200 〜 5800 メートルの高山の灌木林や谷地、草むらに分布し、ツツジ属で最も見られる種類である。

Rhododendron nyingchiense

漢名：林芝杜鵑（ロードデンドロン・ニンティ）

ツツジ科　ツツジ属

低木であり、高さは 30 〜 100 センチ。枝には暗い赤褐色の鱗片がある。葉や芽、鱗片などは早めに落ちる。葉は楕円形で、長さは 8 〜 20 ミリ、幅は 5 〜 8 ミリで、やや尖っている。生え際はくし形や円形となっており、上部は暗い緑色となっており、鱗片に覆われている。下部には暗い赤褐色の鱗片がある。葉柄の長さは 4 〜 5 ミリで、暗い赤色の鱗片がある。花序は頂花や頭状花序、3 〜 4 輪の花がある。花弁の長さは 2 〜 3 ミリあり、鱗片がある。花茎は小さく、長さは 1 〜 2 ミリで、鱗片がある。花冠は細い筒状で、長さは 12 ミリほどで、赤やピンク、白色となっており、筒の内側には柔毛がある。花は 5 月に自生する。チベット東南部に自生する。林や山の斜面など、海抜 3700 〜 4300 メートルに分布する。標本は林芝から採取したものである。

Rhododendron wardii

漢名：黄杯杜鵑（ロードデンドロン・ワーディー）

ツツジ科　ツツジ属

灌木類であり、高さは約 3 メートルある。若枝は緑色で、滑らかであり毛はない。葉の多くは枝の先端に生え、革質であり、長めの楕円形で、先端はやや丸く、細かく尖っている部分がある。生え際は心形に近く、上部は深い緑色、下部は灰色や緑色となっている。総状傘形の花序で、数輪の花を持ち、やや大きめ。花弁は 5 枚で、鮮やかな黄色で、円形に近く、末端はやや凹んでいる。蒴果は円柱状で、末端がやや尖っている。花は 6 ～ 7 月、花実は 8 ～ 9 月に実る。海抜 3000 ～ 4000 メートルの山の斜面やクモスギ等の灌木林に自生する。チベット東南部や四川南西部、雲南北西部に分布する。

Rhododendron lepidotum

漢名：鱗腺杜鵑（ロードデンドロン・レピドトゥム）

ツツジ科　ツツジ属

常緑低木であり、高さは 0.5 ～ 1.5 メートル。高いもので 2 メートルに達するものもある。枝は細長く、瘤のような突起があり、鱗片が多く、稀に剛毛を持つ。葉は薄い革質、枝に多く生えており、変異が極端に大きい。倒卵形や倒卵状の楕円形、長円状の披針形や披針形などである。頂花花序であり、傘形。花萼はは深く 5 つに裂けており、赤色を帯びた緑色となっている。花冠は鐘形で、色は多彩で、淡い赤や深い赤、紫色、白、淡い緑から黄色などで、外側には鱗片がある。蒴果にも鱗片があり、花茎を隠さない程度である。花は 5 ～ 7 月、花実は 7 ～ 9 月に実る。中国四川西部や雲南北西部、チベット南部から東南部などに自生する。雑木林や混交林、杉林、松林、ツツジ灌木、高山灌木草原など、海抜 3000 ～ 3600 メートル、稀に低いところで 1700 メートル、高いところで 4200 メートルの場所に分布する。

第 5 章 **植物**

リンドウ

Gentiana

Gentiana pseudoaquatica

漢名：假水生龍胆（ヤチリンドウ）

リンドウ科　リンドウ属

1年生植物で、高さは3〜5センチ。茎は赤紫色で多く分枝し、斜め上に伸びる。葉の先端は鋭く、縁はやや柔らかく、両面に光沢を持つ。葉は瓦状に重なっており鍵形。枝の先端に中型の花を咲かせ、ラッパ状である。花弁は深い青色で、先端は矛のように鋭くなっている。蒴果は長い卵形で、翅のような部位があり、種は褐色で極めて小さく、楕円形。花実は4〜8月に実る。海抜1100〜4650メートルの水辺や山谷の湿地、沼地、草むらに自生する。中国北部、北西部、南西部、チベット東部から東南部に分布する。

第 5 章 植物

Megacodon stylophorus

漢名：大鐘花（メガコドン・スティロフォルス）

リンドウ科　メガコドン属

多年生植物。高さは 30 〜 60 センチ、株は光沢を放つ。茎は真っ直ぐで太く、黄緑色、中心部は空となっており、円形に近く、分枝はしていない。茎の生え際にある葉は小さく、黄色や白色で、卵形。中間部と上部の葉は大きく、草のような質で、緑色、先端はやや丸くなっており、生え際もやや丸い。花は 2〜8 輪で、比較的大きく、鐘形で頂部に咲く。花弁は黄緑色で、湾曲して垂れており、緑色の脈がある。蒴果は楕円状披針形で、種は小さく、黄褐色。花は 6 〜 9 月に咲く。海抜 3000 〜 4000 メートルの林間の草原や灌木林、山の斜面や水辺などにも咲く。チベット東南部、雲南北西部、四川南部に分布する。

Halenia elliptica

漢名：椭圓葉花錨（ハレニア・エリプティカ）

リンドウ科　ハナイカリ属

1年生植物で、高さは15〜60センチ。根は分枝し、黄褐色。茎は真っ直ぐで、毛は無く、四角く、上部が分枝している。葉は少なく、長い楕円形で、先端は尖っており、生え際はやや丸い。輪散花序で頂花も腋花もあり、円錐のような花序を形成している。花弁は4枚あり、青紫色で、生え際には湾曲した管があり、船の錨のような形をしている。蒴果は卵形で、淡い褐色。種はやや小さく、褐色で、円形に近い。花実は7〜9月実る。海抜700〜4100メートルの灌木林や渓谷の水辺などに自生する。中国北部や中部、西部、チベット東南部に分布する。

Cephalanthera longifolia

漢名：頭蕊蘭（ケファランテラ・ロンギフォリア）

ラン科　キンラン属

地生植物で、高さは20〜47センチ。茎は真っ直ぐ立っている。葉は4〜7枚ほどあり、大きめの披針形で、先端は長く尖っており、生え際はやや茎を覆っている。総状花序で、いつくかの花がある。花は白く、開けていない。花弁は倒卵形に近く、先端は短く尖っている。唇弁の縁には歯がついている。蒴果は楕円形。花は5〜6月、果実は9〜10月に実る。海抜1000〜3300メートルの灌木林、溝辺、草むらに自生する。中国中部や南西部、チベット南部から東南部に分布する。

第 5 章 **植物**

Cypripedium tibeticum

漢名：西藏杓蘭（シプリペディウム・チベティクム）

ラン科　アツモリソウ属

地生植物であり、株からの高さは 15 〜 35 センチ。茎は真っ直ぐで毛は無い。3 枚の葉を持つ。葉は楕円形で、先端が尖っており、脈の上に毛がある。頂花花序で、1 輪だけ花がある。花は大きく、深い赤紫色。花弁は披針形で、先端が尖っており、縁は波形である。唇弁は柔らかく、楕円形に近く、鑑賞性が高い。花は 7 月に咲く。海抜 4300 メートルの林の湿った場所に自生する。チベット東南部に分布する。

Epipactis mairei

漢名：大葉火燒蘭（タイヨウカショウラン）

ラン科　カキラン属

地生植物。高さは 30 〜 70 センチ。根状の太短い茎があり、細長い根を持つ。茎は直立で、上部には錆色の柔毛があり、下部には毛が無い。葉は 5 〜 8 枚、互生で、中部の葉はやや大きい。葉は卵形に近く、先端は短く尖っている。総状花序で 10 ほどの花があり、紫色を帯びた黄緑色で下に垂れている。花弁は楕円形で、先端が尖っている。唇弁の中部はやや縮まっており、上下に分かれている。上唇弁は分厚く楕円形。蒴果は楕円形で毛はない。花は 6 〜 7 月、花実は 9 月に実る。海抜 1200 〜 3200 メートルの山の斜面や灌木林、草むら、河辺などに自生する。中国中部や南西部、チベット東南部に分布する。

Gymnadenia bicornis

漢名：角距手参（ジムナデニア・ビコルニス）

ラン科　ゴマノハグサ属

草本。高さは 50 〜 70 センチ。塊茎は楕円形、長さは 3 〜 5 センチで肉質。直立しており、やや太く、円柱形。葉は楕円形や細めの楕円形、披針形といった形。総状花序で花は密集して咲いており、円柱形。色は淡い黄緑色で、やや小さい。萼は卵形で、やや凹んでおり、先端が丸い。花弁は卵形でやや傾いている。花は 7 〜 8 月に咲く。チベット東部 (波密県古郷) から東南部 (墨脱) の海抜 3250 〜 3600 メートルの山の斜面や灌木林に自生する。

Herminium monorchis

漢名：角盤蘭（クシロチドリ）

ラン科　ムカゴソウ属

草本。高さは 5 〜 35 センチ。塊茎は球状で肉質。茎は直立しており、毛は無い。下部には 2 〜 3 枚葉がある。葉は細い楕円形で、真っ直ぐ伸びており、先端は尖っている。総状花序で花は多く、円柱形であり、長さは 15 センチに達する。花は小さく、黄緑色であり、頭が垂れている。花弁はひし形に近く、上部はとても厚い。唇弁と花弁の長さは等しく、肉質であり、中間部が 3 つに裂けている。花は 6 〜 8 月に咲く。海抜 600 〜 4500 メートルの山の斜面や針葉樹林、灌木林、草むら、沼地などに自生する。中国北部や南西部、チベット東南部に分布する。

第 5 章 **植物**

Liparis japonica

漢名：羊耳蒜（セイタカスズムシソウ）

ラン科　クモキリソウ属

地生植物。偽鱗茎は卵形で、外に白色の薄い膜がある。葉は2枚で、楕円形に近く、膜のような質感で、先端は尖っていたり丸まっていたりと様々。縁は波形となっている。総状花序でいくつかの花があり、花は通常淡い黄緑色だが、時折赤ピンク色に変化することもある。花弁は糸状で、唇弁は倒卵形に近く、先端は短く尖っている。生え際はやや細くなっている。蒴果は倒卵状の円形。花は6〜8月、花実は9〜10月に実る。海抜1100〜2750メートルの林や灌木林、草むらの日陰に自生する。中国北部から南西部、チベット南部に分布する。

Malaxis monophyllos

漢名：沼蘭（ホザキイチヨウラン）

ラン科　ヤチラン属

地生植物。偽鱗茎は卵形で比較的小さい。茎は細長く、直立している。通常葉は1枚で、斜めに立っている。卵形であり、先端は尖ってたり丸まっていたりと様々。総状花序で長さは4〜12センチあり、10ほどの小さめの花が密集して咲いている。淡い黄緑色から淡い緑色で、蛇口のような形をしている。蒴果は倒卵形。花実は7〜8月に実る。林や灌木林、草むらに自生する。分布する場所の海抜の差が大きい。中国の広い地域とチベット東南部に分布する。

Orchis chusua

漢名：廣布紅門蘭（オルキス・チャスア）

ラン科　オルキス属

地生植物、高さは約 40 センチ。肉質な塊茎は長い円形である。茎は真っ直ぐで、円柱形である。葉は長い円状披針形などで、長さは 3 ～ 15 センチ、幅は 0.2 ～ 3 センチ。表面にだけ紫色の斑点がなく、先端は極端に尖っている。花序には 1 ～ 20 輪の花があり、多くは同じ方向についている。花は赤紫色やピンク色。6 ～ 8 月に花が咲く。海抜 500 ～ 4500 メートルの山の斜面や林、灌木林、高山の草原などに自生する。中国東北部、西部、南西部及びチベット東南部から南部にかけて分布する。

Orchis diantha

漢名：二葉紅門蘭（オルキス・ダイアンサ）

ラン科　オルキス属

地生植物。高さは 8 ～ 15 センチ。根状の茎を持つ。茎は直立しており、円柱形。葉は通常 2 枚、対生であり、葉は細い鍵状の倒披針形。長さは 2.3 ～ 9 センチ、幅は 0.5 ～ 3 センチ。先端は丸いが、稀に尖っているものもある。花茎は真っ直ぐで、花序には 1 ～ 5 輪の花があり、滅多に咲くことがない。長さは 1.5 ～ 5 センチ。多くが同じ方向にあり、赤紫色。6 ～ 8 月に咲く。海抜 2300 ～ 4300 メートルの山の斜面や灌木林、高山の草原に自生する。中国西部から南西部、チベット東南部から南部に分布する。

第5章 **植物**

Orchis wardii

漢名：斑唇紅門蘭（オルキス・ワーディー）

ラン科　オルキス属

地生植物、高さは 12～25 センチ。肉質な根状の茎を持つ。茎は太く真っ直ぐである。葉は 2 枚で、やや厚い。幅の広い楕円形や長い円状の披針形で、先端は丸いものや短く尖っているものがある。花序には 5～10 輪の花があり、花は赤紫色。花弁は真っ直ぐで、卵状披針形。唇弁は前に向かって伸びており、卵形や円形。花弁と唇弁には深い紫色の斑点がある。花は 6～7 月に咲く。海抜 2400～4510 メートルの山の斜面や林、草むらに自生する。中国四川の西部や雲南北西部、チベット東部に分布する。

Orchis latifolia

漢名：寛葉紅門蘭（オルキス・ラティフォリア）

ラン科　オルキス属

地生植物。高さは 12～40 センチ。塊茎は掌のような形で、肉質。茎は直立しており、太く中はあいている。葉は 4～6 枚、互生であり、長めの楕円形や線状披針形で、先端は様々で、丸いものや尖ったものがある。花序にはいくつかの花が密集して咲いており、円柱形となっている。長さは 2～15 センチで、花は青紫色や赤紫色、薔薇色である。花弁は真っ直ぐで、卵状披針形。唇弁は前に向かって伸びており、卵形で、生え際から真ん中にかけて 1 つ青紫色の線が鍵のような形を構成している。模様の内側は白色を帯びた淡い紫色となっている。6～8 月に咲く。海抜 600～4100 メートルの山の斜面や溝辺の灌木林、草むらなどに自生する。中国の北部や西部、チベット東部に分布する。

Iris decora

漢名：尼泊爾鳶尾（イリスデコラ）

アヤメ科　アヤメ属

多年生植物。根状の短く太い茎を持つ。葉は線状で、先端が尖っており、2～3本の脈がある。花茎の高さは10～25センチ、上部は多く分枝しており、中部と下部には1～2枚の披針形の茎生葉がある。花は青紫色で、大きく、ラッパのような形をしている。花弁はやや外に開けており、生え際付近は白色。蒴果は卵形。花は6～7月に咲き、花実は7～8月に実る。海抜1500～3000メートルの高山地帯の斜面や草むら、岩の隙間などに自生する。中国四川、雲南及びチベットに分布する。

Iris chrysographes

漢名：金脈鳶尾（イリスクリュソグラペス）

アヤメ科　アヤメ属

多年生植物。根状の茎は円柱形で褐色。葉は掌状複葉で、灰色が混ざった緑色、線状で、先端が鋭い。花茎には光沢があり、中は空いており、高さは25～50センチ。花は深い青紫色で、直径8～12センチ。外側の花は裂けており、黄金色の線模様がある。開花時には上部が外側に向かって開く。蒴果は三角状の円柱形に近い形で、先端は尖っており、生え際は円形。種はナシ型で、褐色。花は6～7月に咲き、花実は8～10月に実る。海抜1200～4400メートルの山の斜面の草むらや林に自生する。中国四川や貴州、雲南及びチベットに分布する。

第 5 章 **植物**

Rheum nobile

漢名：塔黄（セイタカダイオウ）

タデ科　ダイオウ属

高木草本で、高さは 1 ～ 2 メートル。茎は分枝せず、太く真っ直ぐで、光沢があり毛は無く、細い縦稜がある。根出葉が数枚あり、蓮座状となっており、革のような質感を持つ。先端は丸いものとやや尖っているものがあり、生え際は円形か心形に近い。縁は不規則な形をしており、上部の葉と苞葉は上にいくにつれ円形となっている。苞葉は膜のような質感で、淡い黄色で、網目の脈がある。円錐花序は腋花で、苞葉の下に隠れている。花は 6 枚以下で、黄緑色。種は心形や卵形で黒褐色。花は 6 ～ 7 月、花実は 9 月に実る。中国チベットのヒマラヤ山麓や雲南北西部に自生する。海抜 4000 ～ 4800 メートルの高山にある石灘や湿地に分布する。魯朗、巴松措地区くらいの海抜では多く見かけ、非常に鑑賞性が高い。

Phymatopteris malacodon

漢名：彎弓假瘤蕨（ウラボシ）

ウラボシ科　セリゲア属

着生植物。根状の茎は横に伸びており、太く約 3 ミリ、鱗片に覆われている。葉は比較的に少なく、葉柄の長さは約 5 ～ 10 センチ。紫色や藁色で毛はない。葉の長さは 10 ～ 15 センチ、幅は約 8 ～ 14 センチ。大きく裂けており、その先が葉の先端に向いている。縁には鋭い歯がある。葉は革質に近く、両面とも毛がなく、表面は緑色で背面は青白い。海抜 2800 ～ 3700 メートルの木や石の上に自生する。中国の雲南や四川、チベットに分布する。

Streptopus simplex

漢名：腋花扭柄花（ストレプトパラ・シンプレックス）

ユリ科　タケシマラン属

高さは20〜50センチ。根状の茎はやや太い。茎は分枝してなく光沢がある。茎の下部の葉は卵状披針形で、先端は尖っている。上部の葉は鎌のような形で、背面は灰色や白色。花は葉腋から咲いており、直径は約2センチで、下に垂れており、鐘形である。花弁は白く、表面は淡い紫色。実は小さく、球状で、熟れると赤くなる。花は6月、花実は8〜9月に実る。海抜2700〜4000メートルの林や竹林、高山の草むらに自生する。チベットや雲南北西部に分布する。

Larix griffithiana

漢名：西藏紅杉（ラリックス・グリフィチアナ）

マツ科　カラマツ属

高木であり、高さは20メートルほど。木の頂部は円錐形となっている。皮は暗い褐色で、深い亀裂がある。葉は倒披針状で細長く、長さは2.5〜5.5センチ。球果は成熟すると褐色になり、円柱形。鱗片があり、縁には細い歯がある。背面には短い柔毛がある。種は比較的小さく、円形で白い。花は4〜5月、球果は10月に成熟する。チベット南部や東部の海抜3000〜4100メートルの地帯に自生し、マツや雲南鉄杉やチベット雲杉などと混生する。

205

第5章 植物

Picea likiangensis var.linzhiensis

漢名：林芝雲杉（リキアントウヒ）

マツ科　トウヒ属

高山であり、高さは50メートルにも達する。直径は2.6メートル。皮は深い灰色や暗い褐色で、深い亀裂が不規則な厚い模様を形成する。葉はやや薄い。球果は円形で褐色。花は4～5月、花実は9～10月に熟す。チベット東南部や雲南北西部、四川南西部の海抜2900～3700メートルの地帯に自生する。成長が早く、森林を更生する重要な種である。

Sabina squamata

漢名：高山柏（サビナビャクシン）

ヒノキ科　ギャクシン属

高木で、高さは5～10メートル。直立は1メートルほど。皮は褐色で、枝は水平に伸びている。葉は刺のように細く、長さは5～10ミリで、交わって生えている。毬花は丸く、長さは3～4ミリ。雄蕊は4~7対ほどある。球果も丸く、成熟前は緑色、成熟後は黒や紺色で、光沢を持つ。内側に一粒ずつ種がある。種は錐状の円形。海抜1600～4000メートルの高山地帯に自生する。チベット、雲南、貴州、四川などに分布する。

Salix lindleyana

漢名：青藏墊柳（サリックス リンドレイヤナ）

ヤナギ科　ヤナギ属

クッション植物。葉は倒卵状の長い円形で、長さは1.2〜1.6センチ、幅は4〜6ミリ。表面は明るい緑で、背面は青白い。花と葉は同時に咲き、円形で、各花序にいくつかの花がその年に伸びた枝の先端にある。蒴果には短い柄がある。花は6月の中旬から下旬、花実は7〜9月に実る。海抜4000メートル以上の高山の頂部の湿った岩場に自生し、盆景としてもとても魅力がある。チベットや雲南北西部に分布する。

Quercus aquifolioides

漢名：川滇高山櫟（コウヨウカシ）

ブナ科　コナラ属

常緑高木であり、高さは20メートルにも及ぶ。魯朗巴松措地区では多く見かけ、現地では「青岡樹」。葉は楕円形や倒卵形で、時間が経つと先端が丸くなる。新しい葉は縁が刺のような形となっており、両面に黄色の毛を持つ。雄花の花序は長さが5〜9センチ、花序と花には少し毛が付いている。花序は毛虫のようにも見える。花実は長く、ブドウほどの多さに薄い殻を持つ。花は5〜6月、花実は9〜10月に実る。海抜2000〜4500メートルの山の斜面の日向や高山の松林に自生し、山頂に自生する際には灌木のようになる。中国の四川や貴州、雲南、チベットなどに分布する。木の下には食用の菌類が生える。

207

第5章 植物

Polygonum capitatum

漢名：頭花蓼（ヒメツルソバ）

タデ科　タデ属

多年生植物。茎は地面に張り付いており、密集して生えている。生え際は木のような質感で、節々から根が生えている。節々の間は葉より短く、多く分枝する。稀に毛があり、1年で枝は真っ直ぐに成長し、縦稜があり、やや毛が生える。葉は卵形もしくは楕円形で、先端は尖っており、生え際はひし形となっている。全体的に緑色で、縁には細かい毛があり、両面にもやや毛がある。表面には黒褐色の新月形の斑点がある。頭状花序で、1つもしくは1対の花が先端に咲く。花序にも毛がある。実は細長く、3つの稜を持ち、黒褐色である。小さな斑点がいくつもあり、やや光沢を帯びている。花の内側に包まれている。花は6～9月、花実は8～10月に実る。中国の江西や湖南、湖北、四川、貴州、広東、広西、雲南及びチベットに分布する。山の斜面や湿地、などの海抜600～3500メートルの場所に自生する。薬草にも使われ、尿道感染症や腎炎などの治療に使われる。

Polygonum macrophyllum

漢名：圓穂蓼（ポリゴナム・マクロフィラム）

タデ科　ポリゴナム属

多年生植物。根状の茎は太く、湾曲しており、直径1～2センチ。茎は真っ直ぐで、高さは8～30センチほどで、分岐していない。2～3本の根状の茎もある。根出葉は長い円形や披針形で、先端が尖っており、生え際は心形に近い。総状花序で、頂花。花は淡い赤色や白で、楕円形である。花実は細い卵形で、3つの稜があり、黄褐色に光沢があり、花の内側にある。花は7～8月、花実は9～10月に実る。中国の陝西や甘粛、青海、湖北、四川、雲南、貴州、チベットに分布し、海抜2300～5000メートルの山の斜面や高山の草むらに自生する。

Polygonum suffultum var. pergracile

漢名：細穗支柱蓼（クリンユキフデ）
タデ科　イブキトラノオ属

多年生植物で、高さは20～50センチ。根状の茎でやや太い。茎は分枝しておらず、光沢がある。下部の葉は卵状披針形で、先端が尖っており、上部の葉は鎌のような形をしている。背面は灰色や白。葉腋に1つずつ花があり、直径は約2センチで、下に垂れている。鐘のような形で、花弁は白く、表面は淡い紫色。液果は小さく、球状で、熟すと赤くなる。花は6月、花実は8～9月に実る。海抜2700～4000メートルの林や竹林、高山の草原などに自生する。チベットや雲南北西部に分布する。

Polygonum amplexicaule

漢名：抱莖蓼（ポリゴナム・アンプレキシカウレ）
タデ科　ポリゴナム属

多年生植物で、根状の葉は太く、横に伸びており、紫褐色。茎は真っ直ぐと伸びており、分枝している。高さは20～60センチ。葉は卵形や円形で、緑色。先端が鋭く、生え際は心形となっており、縁は外に向かって巻かれている。総状花序で、密集しており、多くが頂花か腋花で、深い赤色。花実は楕円形で、両端が尖っており、黒褐色に光沢がある。花は8～9月、花実は9～10月に実る。海抜1000～3300メートルの山の斜面や山谷の草地に自生する。中国の湖北、四川、雲南、チベットなどに分布する。茎は薬草にもなり、身体の痺れなどに効き、出血にも使われる。

第 5 章 **植物**

Cerastium thomsoni

漢名：藏南巻耳（チベットミミナグサ）

ナデシコ科　ミミナグサ属

多年生植物で、高さは 5 ～ 15 センチ。茎は密集して生えており、真っ直ぐ立っている。茎は細く、線状の柔毛が密集して生えている。葉は楕円形や長めの円形。輪散花序で、花は極めて少ない。苞葉の縁は膜のような質となっている。花弁は白く、倒卵形である。種は茶色で、腎臓形。海抜 2500 ～ 3500 メートルの森林、灌木林、山の斜面の草むら、泥沼などに自生する。チベット（吉隆、林周、林芝、波密、察雅）に分布する。

Anemone demissa

漢名：展毛銀蓮花（アネモネ・デミッサ）

キンポウゲ科　イチリンソウ属

多年生植物で、高さは通常で 20 ～ 45 センチ。稀に低いもので 10 センチのものもある。根出葉には長い柄がある。葉は卵形。1 ～ 2（多い時で 3）輪の花を持ち、花弁は 5 ～ 6 枚で青や紫色で、稀に白色もある。倒卵形や楕円形。花実は平たく、楕円形や倒卵形をしている。6 ～ 7 月に開花する。中国の四川西部や甘粛南西部、青海東南部と南部、チベット東部と南部に分布する。海抜 3200 ～ 4600 メートルの山の斜面の林に自生する。

Anemone obtusiloba

漢名：**鈍裂銀蓮花**（アネモネ・オブツシロバ）
キンポウゲ科　イチリンソウ属

多年生植物で、高さは 10 ～ 30 センチ。根出葉には長い柄があり、短い柔毛に覆われている。葉は腎臓形に近い五角形や卵形。2 ～ 5 輪の花があり、開けた柔毛がある。苞葉は 3 枚あり柄はない。花弁は 5 ～ 8 枚あり、白や青、黄色などである。5 ～ 7 月に開花する。チベット南部と東部、四川西部に分布する。海抜 2900 ～ 4000 メートルの高山草原や鉄杉林に自生する。

Anemone rivularis

漢名：**草玉梅**（アネモネ・リブラリス）
キンポウゲ科　イチリンソウ属

慢性半潅木で、高さは 10 ～ 65 センチ。根状茎は木のような質感で、垂直もしくは斜めに生えており、太さは 0.8 ～ 1.4 センチほど。根出葉は 3 ～ 5 枚あり、長い柄がある。葉は腎臓形に近い五角形。1 ～ 3 輪の花があり、直立している。輪散花序である。花弁は白く、倒卵形や楕円形などである。痩果は細い卵形で、やや平たい。5 ～ 8 月に開花する。チベット南部から東部（海抜 2700 ～ 4900 メートル）、雲南、広西西部、貴州、湖北南西部、四川、甘粛南西部、青海東南部に分布する。山地の草原や川辺、湖辺などに自生する。根状茎と葉は薬として、喉の炎症、扁桃腺炎、肝炎、下痢、打撲などの外傷に使われる。

第5章 **植物**

Aquilegia ecalcarata

漢名：無距耬鬥菜（フウリンオダマキ）

キンポウゲ科　オダマキ属

多年生植物で、根は太く、円柱形。外の皮は深い褐色。茎は1～4本あり、高さは20～80センチで、上部は分枝しており、白い柔毛が少しだけ伸びている。根出葉は数枚しかなく、長い柄がある。花は2～6輪あり、直立もしくは下に垂れている。花弁は細く、長さは約6センチ。長い白色の柔毛がある。萼は紫色で、平たく、楕円形。花弁は直立で、長い楕円形で、萼と同じくらい長い。種は黒く、倒卵形で表面には凸になっている縦稜があり光沢を放つ。5～6月に開花し、6～8月に実が実る。チベット東部や四川、貴州北部、湖北西部、河南西部、陝西南部、甘粛、青海などに分布する。海抜1800～3500メートルの山地の林や道端に自生する。

Batrachium bungei

漢名：水毛茛（バイカモ）

キンポウゲ科　バイカモ属

小型の水生植物で、茎の高さは3～6センチで毛がない。扇形の葉には柄がある。花弁は白く、下部は黄色く倒卵形となっている。複果は丸く、直径は約3ミリ。痩果は10個ほどで、楕円形。花実は5～7月に実る。浅い水中や湿った岸辺に自生する。アジア北部とヨーロッパに広く分布する。

Caltha scapose

漢名：花葶驢蹄草（リュウキンカ）

キンポウゲ科　リュウキンカ属

多年生植物で、全体に毛はなく、肉質なヒゲ根がいくつかある。茎は1本もしくは数本あり、直立したものとやや斜めのものがある。高さは3.5～24センチ。根出葉は3～10枚で、長い柄がある。葉は心状卵形や三角状卵形、腎臓形である。花は茎の頂部に1輪か2輪だけ咲く輪散花序。萼は5～7枚あり、黄色く倒卵形や楕円形、卵形である。種は黒く、腎臓形や楕円でやや平たい。6～9月に開花し、7月の初めに実がなる。チベット東南部や雲南北西部、四川西部、青海南部、甘粛南部に分布する。海抜2800～4100メートルの高山の湿った草原や渓谷の草地に自生する。筋や骨の痛みに効き、膿化した外傷などにも使われる。

Clematis akebioides

漢名：甘川鐵線蓮（テツセンレン）

キンポウゲ科　テツセンレン属

つる植物。茎に毛はなく、はっきりした稜がある。1回羽状複葉であり、5～7枚の葉がある。花は1つもしくは2～5つの束で生えている。萼は4～5枚あり、黄色く、斜め上に向かって伸びており、楕円形や長い楕円形、披針形となっている。未熟の瘦果は倒卵形や楕円形で細かい毛があり、長さは約3ミリで、花柱の中で長い柔毛に覆われている。花は7～9月、花実は9～10月に実る。チベット東部（海抜3100～3600メートル）、雲南北西部、四川西部（1930～3200メートル）、青海東部、甘粛南部に分布する。高原の草地や灌木林、河辺などに自生する。

第 5 章 **植物**

Circaeaster agrestis

漢名：星葉草（キルカエアステル）
キルカエアステル科　キルカエアステル属

1 年生植物で、高さは 3 〜 10 センチ。2 つの葉子と多く密集して生える葉を持つ。葉子は線形で、葉はひし形状の卵形や鍵形、楔形となっている。花は小さく、細い卵形となっている。痩果は長い円形で、密集した毛が少しある。4 〜 6 月に開花する。チベット東部や雲南北西部、四川西部、陝西南部、甘粛南部、青海東部、新疆西部に分布する。海抜 2100 〜 4000 メートルの谷間や林、湿った草地などに自生する。

Ranunculus pseudopygmaeus

漢名：矮毛茛（ラナンキュラス・プセウドピグマエアズ）
キンポウゲ科　キンポウゲ属

多年生植物で、茎は真っ直ぐか斜めに立っており、高さは 5 センチ程度。茎は 1 つしかなく、柔毛が少しある。根出葉は数枚ある。葉は小さく、腎円形。花も小さく、茎の先端に一輪のみ咲く。萼は楕円形。花弁は 5 枚あり、黄色や白色で、倒卵形や逆三角形である。痩果は少なく 10 枚ほどで、卵形でやや平たい。花実は 7 〜 8 月に実る。中国の雲南北西部からチベット東南部に分布する。海抜 3000 〜 4000 メートルの高山の草地や岩場に自生する。

Ranunculus tanguticus

漢名：高原毛茛（ラナンキュラス・タンガティカズ）

キンポウゲ科　キンポウゲ属

多年生植物。茎は真っ直ぐもしくは斜めに立っており、高さは 10 〜 30 センチ。多く分枝し、白い柔毛を持つ。根出葉は多く、下部の葉と同じく毛の生えた長い柄がある。葉は円形や腎臓形、倒卵形。花は比較的多く、茎の先端と分岐した枝の先端に 1 輪ずつある。花弁は白い柔毛に覆われており、花実が実ると同時に成長する。萼は楕円形。花托は円柱形。集合果は長い円形。痩果は小さいがたくさんあり、円形で平たい。花実は 6 〜 8 月に実る。チベットや雲南北西部、四川西部、陝西、甘粛、青海、山西、河北省などに分布する。海抜 3000 〜 4500 メートルの山の斜面や湿った沼地などに自生する。薬草として解毒や解熱、リンパ結核などにも効果がある。

Thalictrum delavayi

漢名：偏翅唐松草（タリクトラム・デラバイ）

キンポウゲ科　カラマツソウ属

草本植物で、毛はない。高さは 60 〜 200 センチで分枝する。根出葉は開花と共に枯れて落ちる。円錐花序で、萼は 4 〜 5 枚で、淡い紫色。卵形や細い卵形。痩果は平たく、斜倒卵形や湾曲した形で、長さは 5 〜 8 ミリ、幅は 2.5 〜 3.2 ミリで、約 8 本の縦稜があり、腹と背に沿って翅のようなものがある。6 〜 9 月に開花する。中国雲南やチベット東部 (林芝から東)、四川西部に分布する。海抜 1900 〜 3400 メートルの山地の林や溝辺、灌木林などに自生する。根は歯の痛みや目の痛みなどに効く。花は美しく、魯朗や巴松措地区でよく見かける観賞性の高い野花である。

第 5 章 **植物**

Thalictrum rostellatum

漢名：小喙唐松草（ナンコカラマツ）

キンポウゲ科　カラマツソウ属

1年生植物で、高さは3〜10センチ。2つの葉子とその他の葉は同じ場所から生える。葉子は細く、その他の葉はひし形状の倒卵形や鍵形、楔形となっている。花は小さく、細い卵形。痩果も細く、長い円形や紡錘形となっており、先端が丸まった毛が多く生えている。4〜6月に開花する。チベット東部や雲南北西部、四川西部、陝西南部、甘粛南部、青海東部、新疆西部に分布する。海抜2100〜4000メートルの谷溝や林、湿った草地に自生する。

Trollius ranunculoides

漢名：毛茛状金蓮花（トロリウス・ラナンキュロイデス）

キンポウゲ科　キンバイソウ属

毛がないのが特徴。茎は1〜3本で、高さは6〜30センチ。分枝しない。根出葉は数枚あり、茎には1〜3枚の葉がつく。葉は小さく、通常は茎の下部や生え際につく。稀に中間や上部にもつく。葉はやや丸い五角形。花は茎の先端に1輪ずつ咲く。萼は黄色く、5〜8枚あり、倒卵形。花弁は雄蕊よりやや短く、鍵状で細い。集合果の直径は約1センチ。種は楕円形で、長さは約1ミリで光沢がある。5〜7月に開花し、8月には花実が実る。中国雲南北西部やチベット東部、四川西部、青海南部と東部、甘粛南部に分布する。海抜2900〜4100メートルの山の斜面や水辺の草地、林に自生する。

Berberis ignorata

漢名：煩果小檗（イグノラッタメギ）

メギ科　メギ属

落葉灌木。高さは1〜3メートル。古い枝は円柱形で灰色、いくつかの斑点がある。若い枝は鮮やかな黒紫色。基本的に茎は1つだが、稀に下部から3つに割れているものがある。葉は紙質で、細い倒卵形。総状花序もしくは傘形の総状花序で、3〜9輪の花があり、生え際からもいくつか花が咲いており、総弁がない。花は黄色い。萼は3重になっており、外側の萼は長い円状の卵形。花弁は倒卵形。果実は長い円形で赤く、先端に花柱はなく、白い花粉もついていない。花は5月、花実は8〜9月に実る。チベットに分布する。海抜2700〜3800メートルのタカネゴヨウやクエルカス セメカルピフォリアなどが自生する混交林や灌木林などに自生する。

Sinopodophyllum hexandrum

漢名：桃兒七（シノポドフィルム・ヘクサンドルム）

メギ科　シノポドフィルム属

多年生植物で、高さは20〜50センチ。茎は真っ直ぐで1本のみ。縦稜があり、毛がない。生え際には褐色の大きい鱗片がある。葉は2枚で、薄い紙質。盾のような形をしており、生え際は心形となっている。花は大きく、1つのみ。葉が先に開き、その後に花が咲く。赤ピンク色。花弁は6枚で、倒卵形や長い円形となっている。果実は卵形で、熟すとオレンジ色になる。花は5〜6月、花実は7〜9月に実る。中国の雲南や四川、チベット、甘粛、青海、陝西などに分布する。海抜2200〜4300メートルの林や湿地、灌木林や草むらに自生する。根茎やヒゲ根、果実は薬として使用され、根茎は風疹、血流の促進、筋肉、咳などに効く。果実は胃を整え、咳や痰を止め、月経の不調などにも効く。

第5章 植物

Corydalis crispa

漢名：皺波黃菫（コリダリス・クリスパ）

ケシ科　キケマン属

多年生植物で、高さは20～50センチ。茎は直立しており、生え際から多く分枝している。上部は分枝が少ない。根出葉は数枚で、枯れるのが早く、長い柄がある。総状花序で茎と分枝した先端に多くの花を持つ。花弁は黄色く、卵形で、背面には鶏冠のような突起があり、花弁から出ている。縁には浅い波状の歯があり、丸い筒型となっており、上に向かって湾曲しており、花弁と同じ長さまで至る。蒴果は円柱形である。チベットの阿里と羌塘以外の地域の海抜3100～5100メートルの山の斜面や高山灌木林、高山草原や石の隙間などに自生する。利尿作用がある。

Corydalis jigmei

漢名：藏南紫菫（チベットムラサキケマン）

ケシ科　キケマン属

小型の草本で、高さは3.5～7.5センチ。根茎は短く、鱗茎を持つ。茎は2～4本があり、柔らかく脆い。分枝はせず、生え際は細くなっている。根出葉は少なく、葉は肉質で、輪郭は丸い。総状花序の頂花で、花は少なく、傘房状に並んでいる。苞片は卵形や披針形。花弁は青く、卵形で、背面は鶏冠のような突起があり、花弁と同じ長さの丸い筒状になっている。下の花弁はひし形に近く、背面の鶏冠のような突起は三角形に近く、上の花弁より短い。蒴果は卵形や細い楕円形で、成熟時の花実の先端は反り返っている。花実は6～9月に実る。雲南北西部とチベット東南部（察隅、波密、林芝、米林、朗県）に分布し、海抜3600～4800メートルの高山の草むらや流石灘に自生する。

Loxostemon pulchellus

漢名：彎蕊芥（アブラナ）

アブラナ科　アブラナ属

多年生植物で、高さは6.5～20センチ。茎は真っ直ぐもしくは斜めに立っており。単数羽状複葉で、根出葉は1枚。葉には長い柄が3～8センチほどあり、小さな葉が1～2対あり、楕円形である。茎には1～3枚の葉があり、長さは2.3～3ミリ。背面は短い毛があるものと毛のないものがある。花弁は白や赤ピンク、紫色。倒卵形で、長さは5～7ミリ。先端はやや丸い。雄蕊は長く、幅は約0.8ミリで、やや柔毛がある。長い花実は線状の楕円形で、長さは10～20ミリ、幅は1～2ミリ。両側の縁には稜がある。花と花実は共に7～8月に実る。中国の青海、四川、雲南、チベット（定日）に分布する。海抜3600メートルの高山草原や砕けた石の上に自生する。

Pegaeophyton scapiflorum

漢名：單花薺（ペガエオフィトン・スケジフウム）

アブラナ科　ナズナ属

多年生植物で、茎は短く、光沢があり毛がない。高さは3～15センチ。葉は多く、生え際から重なるようにして生えている。葉は線状の披針形や長い鍵形で、縁は丸もしくは少ない浅い歯を持つ。葉の柄は平たく、葉と同じ長さで、生え際が広がっており鞘のような形となっている。花は大きく、1輪のみで、白や淡い青色。花弁は倒卵形で、先端は丸もしくはやや凹んでいる。生え際はやや爪のようになっている。角果は短く、卵形で、肉質。翅状の縁がある。種は各室に2列あり、円形でやや平たい。長さは1.8～2ミリ、幅は約1.5ミリで褐色。花と花実は6～9月に実る。中国の青海、四川南西部、雲南北西部、チベットに分布する。海抜3500～5400メートル山の斜面の湿地や高山草原、林の中の水辺、流水灘に自生する。民間では解熱や肺咳血、食中毒、切り傷などに使われる。

219

第 5 章 植物

Rorippa palustris

漢名：沼生葶菜（スカシタゴボウ）

アブラナ科　イヌガラシ属

1年生もしくは2年生植物、高さは10～50センチ。光沢があり毛は少ない。茎は真っ直ぐで、1つのみ分枝しており、下部は紫色に稜がある。根出葉は多く、柄がある。葉は羽状の深い亀裂があり、長い円形や細い円形となっている。総状花序の頂花もしくは腋花で、花実は長い期間に渡り実る。花は小さく、多い。黄色や淡い黄色。花弁は長く倒卵形や楔形。角果は短く、楕円形や円柱形で、まれに湾曲している。花は4～7月、花実は6～8月に実る。湿った環境や水辺の近く、道端、田、山の斜面の草地などに自生する。北半球の温帯に広く分布する。

Rhodiola sp.

漢名：紅景天（イワベンケイの一種）

ベンケイソウ科　イワベンケイ属

多年生植物。根茎は50センチ以上あり、分枝しないもしくは少ない。古くなった花茎は枯れ落ち、生え際の鱗片は三角形に近い。花茎は4～10センチあり、主軸の先端から生える。葉は互生で、線状の円形や披針形、楕円形などである。輪散花序。花は密集して生えている。花弁は5枚あり、赤く、長い円状の披針形。花は6～8月、花実は9月に実る。チベットや雲南、四川に分布する。海抜2500～5400メートルの山の斜面に自生する。高山病の薬の原料として使われる。

Bergenia purpurascens

漢名：岩白菜（ヒマラヤユキノシタ）

ユキノシタ科　ベルゲニア属

多年生植物で、高さは 13 〜 52 センチ。根状茎は太く、鱗片に覆われている。葉は全て根元から出ている。葉は革質で、細い倒卵形や長い円形。長さは 5.5 〜 16 センチで、幅は 3 〜 9 センチ。先端は丸く、縁には波状の歯があるものと丸くなっているものがあり、生え際は楔形となっている。両面に小さな膨らみがあり、毛はない。花茎にはやや毛がある。円錐形の輪散花序で、花弁は赤紫で、卵形。花実は 5 〜 10 月に実る。中国四川の南西部、雲南北西部とチベット南部から東部に分布する。海抜 2700 〜 4800 メートルの林や灌木林、高山草原や石の隙間に自生する。根状の茎は薬の材料になる。毒はなく、頭痛や疲労、外傷、咳、吐血、排尿痛、白帯下、解毒などに効く。

Saxifraga stella-aurea

漢名：金星虎耳草（サキシフラガ・ステラアアウレア）

ユキノシタ科　ユキノシタ属

多年生植物で、高さは 1.5 〜 8 センチ。同じ場所から多くの茎が生える。主軸は分枝をし、稀に重なり合い、蓮座のような葉がある。茎は花茎のような形で、黒褐色の毛に覆われている。蓮座葉は肉質で、鍵形や長い円形に近い形。花は茎の先端に 1 輪のみ咲く。花梗は細く、黒褐色の毛に覆われ、苞片はない。萼は花が開花すると反り返り、卵形や楕円形に近い。花弁は黄色で、中間から下には橙色の斑点があり、楕円形や細い卵形である。花実は 7 〜 10 月に実る。中国の青海（玉樹州）、四川西部、雲南（徳欽、貢山）、チベットに分布する。海抜 3000 〜 5800 メートルの高山の灌木林や草むら、砕けた石の隙間に自生する。

第5章 植物

Malus rockii

漢名：麗江山荊子（ヒマラヤズミ）

バラ科　リンゴ属

高木で、高さは8〜10メートルあり、枝の多くは垂れ下がっている。小枝は円柱形で、新しいものは長い毛があり、徐々に抜け落ちていく。深い褐色で、いくつか皮孔がある。葉は楕円形や卵状の楕円形、長い円形である。輪散花序に近く、4〜8輪の花がある。花の直径は2.5〜3センチ。萼片は筒状で、長い毛に覆われており、三角披針形で、先端は鋭く尖っている。縁は丸く、外側には少しだけ毛があるものとないものがあり、内部は細かい毛がたくさん生えている。萼よりやや長いか同じくらいの長さである。花弁は倒卵形で、白く、生え際には短い爪のようなものがある。果実は卵形や球状で赤い。花は5〜6月、花実は9月に実る。中国雲南北西部や四川南西部、チベット東南部に分布する。雑木林など、海抜2400〜3800メートルの場所に自生する。

Potentilla microphylla ver. Caespitosa

漢名：叢生小葉委陵菜（ポテンティラ・ミクロフィラ）

バラ科　キジムシロ属

多年生植物のクッション植物。根は太く、円柱形で木質。花茎は密集して同じ場所から生える。高さは1.5〜3センチ。根出葉は3枚の葉子で、柄はなく、葉の柄との接触部に関節があり、帯状の披針形となっている。長さは0.5〜1.5センチ、幅は約0.2センチで、先端は鋭く尖っており、縁は丸く下に向かって巻かれている。若い葉の上には長い柔毛があり、時間が経つと落ちる。花は1輪のみ咲き、花梗は長い柔毛に覆われており、長さは1.5〜2センチ。帯状の苞葉と托葉がある。花の直径は1.5センチ。萼片は三角形。花弁は黄色黄色で、倒卵形、先端はやや凹んでおり、萼片の0.5倍の長さほどである。痩果の表面は光沢がある。花は6〜9月に開花する。中国の雲南（麗江、中甸）、四川（木里）、チベット（察隅）に分布する。海抜4200〜4800メートルの高山にある流石灘や積雪した場所の附近に自生する。

Potentilla fruticosa

漢名：金露梅（キンロバイ）

バラ科　キジムシロ属

灌木、高さは 0.5 ～ 2 メートルで、多く分枝する。樹皮は縦に剥がれ落ちる。小枝は赤褐色で、若い枝は長い柔毛に覆われている。羽状の複葉がある。葉子は 5 枚ほどで、長い円形もしくは卵状披針形で、縁は丸く平たい。両面とも緑色。花は 1 輪以上で、枝の先端に咲く。花梗は長い柔毛や絹毛に覆われている。花の直径は 2.2 ～ 3 センチ。萼片は卵円形。花弁は黄色で、倒卵形となっており、先端は丸く、萼片より長くなっている。痩果は卵形に近く茶色。花実は 6 ～ 9 月に実る。中国の黒竜江や吉林、遼寧、内モンゴル、河北、山西、陝西、甘粛、新疆、四川、雲南、チベット、その他自治区に分布する。海抜 1000 ～ 4000 メートルの山の斜面の草地や岩場、灌木林などに自生する。

Potentilla cuneata

漢名：楔葉委陵菜（ポテンティラ・クネアータ）

バラ科　キジムシロ属

小型の植物で、灌木または多年生植物に分類される。根は細く、木質。花茎も木質で上に向かって真っ直ぐ伸びており、高さは 4 ～ 12 センチ。柔毛に覆われている。葉柄も柔毛をたくさん持ち、葉子は革質で倒卵形や楕円形、長めの楕円形などで、先端は丸くなっている。頂花で 1 もしくは 2 輪の花が咲く。萼片は三角形に近い卵形で、先端は徐々に尖っており、外側は平たい柔毛に覆われている。花弁は黄色で、幅の広い倒卵形。花柱はほとんど同じ場所から生え、線状となっており、柱頭はやや広くなっている。痩果も長い柔毛に覆われており、萼よりやや長め。花実は 6 ～ 10 月に実る。

第5章 # 植物

Potentilla stenophylla

漢名：狭葉委陵菜（ポテンティラ・ステノフィラ）

バラ科　キジムシロ属

多年生植物。根は太く、円柱形で木質。花茎は真っ直ぐで、高さは4～20センチで、絹状の柔毛に覆われている。根出葉は羽状複葉で、葉子が7～21対ほどあり、長い円形。長さは0.3～1.5センチで、幅は0.2～0.5センチ。1～3輪の花が先端に咲き輪散花序を構成する。長い柔毛に覆われている。花弁は黄色で倒卵形、先端は円形となっている。痩果の表面には光沢や皺のようなものがある。花実は7～9月に実る。中国の四川、雲南、チベットに分布する。海抜2700～4500メートルの山の斜面の草地や石の多い場所に自生する。

Rosa omeiensis

漢名：峨眉薔薇（ロサ・オメイエシス）

バラ科　バラ属

直立の灌木で、高さは3～4メートル。小枝は細く、刺がないものと生え際に大きく膨らんだ皮刺を持つものがある。葉子は9～17枚ほどあり、葉は3～6センチの長さ。葉子は長い円形や楕円形。花は葉腋に1輪のみ咲き、苞片はない。萼片は4枚あり、披針形で縁は丸い。花弁は4枚あり、白く、倒三角状の卵形であり、先端はやや凹んでいる。生え際は楔形となっている。花実は球状や梨のような形で、明るい赤色。熟すと花梗が膨らみ、萼片は真っ直ぐ立つ。花は5～6月、花実は7～9月に実る。中国の雲南や四川、湖北、陝西、寧夏、甘粛、青海、チベットに分布する。多くは山の斜面や山の麓、灌木林などの海抜750～4000メートルの場所に自生する。果実は甘く、お酒の材料としても用いられる。干して粉にしたものは食品にとしても扱われ、同時に薬として止血や止痢、精力の回復にも効果がある。

Rosa macrophylla

漢名：大葉薔薇（ロサ・マクロフィラ）
バラ科　バラ属

灌木で、高さは 1.5～3 メートルあり、小枝は太く、疎らもしくは 1 対の直立した皮刺を持つものと刺のないものがある。葉子は長い円形もしくは楕円形。托葉は大きく、葉柄に張り付いている。花は 1～3 輪ほどが密集して咲いており、円錐形の花序を形成する。花弁は深い赤色で、倒三角形。先端がやや凹んでおり、生え際は楔形となっている。花柱は高く、柔毛に覆われており、雄蕊より短い。花実は大きく、長い円形や倒卵形となっている。長さは 1.5～3 センチで、直径は 1.5 センチ。先端には短い頸がある。赤紫色で光沢を持ち、毛はないものとあるものがある。萼片は直立している。チベットや雲南(北西部)に分布する。海抜 3000～3700 メートルの山の斜面や灌木林に自生する。チベット現地では花実は金桜子の代わりの薬として使用され、血流の促進や痛み止め、利尿、補腎、咳などに効果がある。

Sanguisorba filiformis

漢名：矮地楡（アイクレモコウ）
バラ科　クレモコウ属

多年生植物。根は円柱形で、表面は褐色。茎の高さは 8～35 センチで細く、毛はない。根出葉は羽状の複葉を持つ。花は一輪で、雄雌は同じ株。頭状花序で、球状となっており、直径は 3～7 ミリ、周りには雄花があり、中心に雌花がある。苞片は細く、卵形で、縁には毛が少しある。萼片は 4 枚あり、白色で、長い倒卵形である。外側には毛はない。雄蕊は 7～8 枚あり、花糸は細く、萼片よりやや長い。花柱も糸状で、萼片の 0.5～1 倍で、柱頭はやや突起している。花実は 4 つある。熟すと萼片は落ちる。花実は 6～9 月に実る。中国四川や雲南、チベットに分布する。海抜 1200～4000 メートルの山の斜面の草地と沼地に自生する。種や根は薬となり、痛み止めなどの効果がある。

225

第 5 章　**植物**

Sibbaldia cuneata

漢名：楔葉山莓草（シッバルディア・クネアータ）

バラ科　タテヤマキンバイ属

多年生植物。根茎は太く、地面に張り付くように生えており、円柱形である。花茎は真っ直ぐ上に伸びており、高さは5～14センチ。伏せるように生える柔毛がある。根出葉は3枚、あり、倒卵形や楕円形である。茎からは1～2枚ほど葉が生えており、根出葉と同じような形でやや小さい。輪散花序で密集した頂花であり、花の直径は5～7ミリ。萼片は卵形や長い円形があり、先端は尖っている。副萼片は披針形で、先端は尖っている。萼片と同じ長さで、外側に少し柔毛がある。花弁は黄色で、倒卵形。先端は丸く、萼片より長いもしくは同じ長さ。痩果は光沢を持つ。花実は5～10月に実る。中国の雲南、青海、チベット、台湾に分布する。海抜3400～4500メートルの高山の草地や岩の隙間などに自生する。

Sorbaria arborea

漢名：高叢珍珠梅（ソルバーリア・アルボレア）

バラ科　ニワナナカマド属

落葉灌木で、高さは6メートルに達する。枝は開けて生えており、小枝は円柱形で、刺のようなものがあり、若い枝は黄緑色で毛に覆われている。古い枝は暗い赤褐色で毛はない。羽状複葉で、13～17枚ある。葉は対生で、披針形や長く丸い形となっている。頂花の大きめの円錐花序で、開けて分岐しており、直径は15～25センチ、長さは20～30センチで、総花弁と花弁にはやや柔毛がある。萼筒は浅い鐘状で、両面とも毛はない。萼片は長い円形や卵形で、先端は丸く、萼筒よりやや短い。花弁は円形に近く、先端は丸く、生え際が楔形になっており白色である。萼片は外側に折れており、果弁は湾曲しており、果実は下に垂れている。花は6～7月、花実は9～10月に実る。中国の陝西や甘粛、新疆、湖北、江西、四川、雲南、貴州、チベットに分布する。海抜2500～3500メートルの山の斜面の、林や渓谷などに自生する。

Sorbus oligodonta

漢名：少歯花楸（ソルパス・オリゴドンダ）

バラ科　ナナカマド属

高木で、高さは5〜15メートル。枝は細く、円柱形で、赤褐色。少し皮孔があり、若い枝は毛がない。奇数の羽状複葉を持つ。生え際の葉は比較的小さく、楕円形な長い楕円形である。複散房花序で、花軸の先端に多く花を持つ。総花弁と花弁には毛のないものと、少しだけあるものがある。萼筒は鐘状で、外側に毛はなく、内側はやや毛がある。花弁は卵形で、先端は丸く、黄色や白色となっている。果実は卵形で、直径は6〜8ミリで、熟すと赤い斑点を持つ白色となる。先端には閉じた萼片がある。花は月、花実は9月に実る。中国雲南の南西部や四川西部に分布する。海抜2000〜3600メートルの山の斜面や溝辺の雑木林に自生する。

Spiraea canescens

漢名：楔葉繍線菊（スピラエア・カルネスケンス）

バラ科　シモツケ属

灌木で、高さは2メートルで、稀に4メートルにも達する。枝は湾曲しており、小さい枝には角がある。葉は卵形や倒卵形、倒卵状の披針形があり、先端は丸く、生え際は楔形となっている。複輪散花序で直径は3〜5センチあり、細かい毛が密集しており、多くの花を持つ。萼筒は鐘状で、両面に短い柔毛を持つ。花弁は丸く、先端も丸い。白やピンク色である。花は7〜8月、花実は10月に実る。チベット南部から東南部の海抜3000〜4000メートルの河岸や山の斜面の灌木林に自生する。

第5章 **植物**

Astragalus tribulifolius

漢名：蒺藜葉黄芪（アストラガルス・トリブイカリラス）

マメ科　ゲンゲ属

根状の茎は長く、木質。茎は多く、地面に張り付いて生えている。長さは6～20センチ。羽状の複葉を持ち、葉子は長い円形で、それぞれが近い距離に生えている。先端は尖っているが、稀に丸くなっているものもある。生え際は丸く、葉子の柄は短い。総状花序で密集しており、4～7輪の花を持つ。花萼は鐘状で、白い毛に覆われている。蝶のような花冠で赤紫色。果実は膨らんでおり、長い円形で、長さは11～15ミリ、幅は5～6ミリ。白く短い毛に覆われている。種は褐色で、丸い腎臓形でやや平たい。花は6～7月、花実は7～8月に実る。チベット南西部から中部に分布する。海抜3800～4800メートルの山の斜面や山谷に自生する。

Desmodium callianthum

漢名：美花山螞蝗（ヌスビトハギ）

マメ科　ヌスビトハギ属

灌木で、高さは2メートル。分枝は多く。葉子は3枚で複葉。托葉はダイヤのような形になっている。葉子は紙質で、卵状の菱形や卵形で、頂花の葉子は先端が丸く、短い刺があり、生え際は楔形となっている。側面に生える葉子は小さく、やや斜めに生えている。総状花序の頂花で、2～4輪の花を持つ。花冠は紫色やピンク、白色となっている。果実は平たく、やや湾曲しており、5～6つの節がある。網状の模様があり、毛はないかややある。花は6～8月、花実は8～10月に実る。中国の雲南南西部や北西部、四川西部から南西部、チベット東南部などの山の斜面や灌木林、林、溝辺など、海抜1700～3300メートルの場所に自生する。

Piptanthus concolor

漢名：黄花木（ホワーンホワムー）

マメ科　ホワーンホワムー属

灌木で、高さは1〜4メートル。樹皮は暗い褐色で、目立たない皮孔がある。枝は円柱形で、溝のような稜があり、若い枝には白い柔毛があり、後部は剥げている。掌状の複葉が3枚あり、葉子は楕円形や長い円状の披針形や披針形となっており、両側の大きさが異なり、紙質である。総状花序の頂花で柔毛があり、3〜7輪の花を持つ。花序の軸は開花と同時に成長し、節と節の間は3センチにもある。花冠は黄色で、旗弁の中央部には暗い茶色の斑点があり、円形となっている。種は腎臓形で、暗い褐色。やや平たく、長さは約5ミリ、幅は約4ミリ。花は4〜7月、花実は7〜9月に実る。中国の陝西や甘粛、雲南、チベットに分布する。海抜1600〜4000メートルの山の斜面や灌木林に自生する。

Tibetia himalaica

漢名：高山豆（ティベティアヒマライカ）

マメ科　ティベティア属

多年生植物で、主根は真下に伸び、上部は太くなっており、茎との境目は明確である。奇数の羽状複葉を持ち、葉子は9〜13枚で、円形や楕円形、幅の広い卵形となっている。輪散花序で、1〜3輪の花があり、稀に4輪持つものもある。花萼は鐘状。花冠は深い青紫色。旗弁は卵状で平たい円形。子房は長い柔毛に覆われ、花柱は直角に曲がっている。実は円筒もしくは平たい形で、少ない柔毛があるかまったく毛がない。種は腎臓形で光沢を持つ。花は5〜6月、花実は7〜8月に実る。中国の甘粛や青海東部、四川西部と南部、チベット東部と中部に分布する。海抜3000〜5000メートルの山地に自生する。

第5章 植物

Vicia tibetica

漢名：西藏野豌豆（チベットノエンドウ）

マメ科　ノエンドウ属

多年生植物で、高さは 10 〜 25 センチ。茎は分枝しており、稜があり、細かい毛があるものと毛がないものがある。偶数の羽状複葉がある。葉子は 3 〜 6 枚で、互生で、分厚い紙質で、長めの円形。総状花序で、長さは 6 〜 7.5 センチ。花萼は斜めに生えており、鐘状。花冠は赤や赤紫、淡い青色となっている。旗弁は先端が丸くやや凹んでおり、中部は縮まっており、弁片は弁柄より短い。花実は平たく、皮に光沢があり、黄色に斑点がある。花実は 5 〜 8 月に実る。チベットに分布する。海抜 2000 〜 4300 メートルの高山の松林や 2 次林の境界線、山の斜面、灌木林などに自生する。

Geranium orientali-tibeticum

漢名：藏東老鸛草（ゲラニウム・オリエンタルチベチカム）

フウロソウ科　フウロソウ属

多年生植物で、高さは 15 〜 30 センチ。茎は 1~2 本あり、生え際は寝ており、周囲は残った葉柄と托葉がある。葉は対になって生えている。根出葉と茎の下部に生えている葉には長い柄があり、柄は葉の 3 〜 5 倍の長さで、短い柔毛に覆われている。葉は円形や腎臓形、五角形などである。花序は頂花もしくは腋花で、葉より長い。総花弁は短い毛に覆われており、2 輪の花がある。萼片は長い卵形。花弁は赤紫色で、倒卵形で、長さは萼片の 2.5 〜 3 倍あり、先端は円形もしくは平たくなっている。生え際は楔形で、縁には白い長い毛がある。花糸は茶色で、葯も茶色である。花柱は分枝し、紫色である。蒴果の長さは 2.5 センチで、短い柔毛を持つ。花は 5 〜 7 月、花実は 8 〜 9 月に咲く。中国四川西部に分布する。山中の灌木林や山地の灌木林に自生する。

Euphorbia stracheyi

漢名：高山大戟（ユーフォルビア・ストラケイ）

トウダイグサ科　トウダイグサ属

多年生植物。根状の茎は細長く、10～20センチあり、末端は多く分枝する。茎は常に伏せているが、直立しているものもある。生え際は多く分枝しており、上に行くに連れ分枝の数は増える。高さは10～60センチ。状態の変化が著しく、若いものは赤色や淡い赤色、古いものは淡い色や緑色となる。葉は互生で、倒卵形や長い楕円形となっており、先端は丸いものや尖ったものがある。生え際は丸まっているものと尖ったものがあり、縁は丸い。葉柄はない。花は2つに分枝した先端に生え、柄はない。総苞は鐘状で、外側には褐色の短い毛がある。痩果は円状。種は円柱形で、灰褐色や淡い灰色。種阜は盾状で、柄はない。花実は5～8月に実る。中国の四川や雲南、チベット、青海（南部）、甘粛（南部）に分布する。海抜1000～4900メートルの高山の草むらや灌木林、雑木林に自生する。

Callitriche palustris

漢名：沼生水馬歯（ミズハコベ）

オオバコ科　オオバコ属

1年生植物で、高さは30～40センチ。茎は細く、多く分枝する。葉は互生であり、茎の先端に連座状となって付いており、水面に浮いている。倒卵形や倒卵状の鍵形で、長さは4～6ミリ、幅は約3ミリ。先端は円形で、生え際は細くなっており、両面に細かい褐色の斑点があり、3本の脉がある。根出葉は鍵形や線状で、長さは6～12ミリ、幅は2～5ミリ。柄はない。花は単性で、株は同じ。葉腋に単数で咲き、2つの小さな苞片に包まれている。花実は倒卵状の楕円形で、上部の縁にのみ翅がある。生え際には短い柄がある。中国の東北や 華東から南西部の各省に分布する。海抜700～3800メートルの静かな水中や沼地、湿地などに自生する。

第5章 **植物**

Acer caudatum

漢名：長尾槭（オガラバナ）

カエデ科　カエデ属

落葉高木で、高さは20メートル。枝は太く、その年に生えた枝は紫色や緑色で、ほとんど毛はない。多年生の枝は灰色や灰黄色で、楕円形や長い円形の皮孔がある。葉は薄い紙質で、生え際は心臓形などである。花は雑性で、黄色の長い毛を持つ頂花の総状円錐花序を持つ。花弁は5枚あり、淡い黄色に毛はない。線状の長い円形や倒披針形で、先端は丸くなっている。翅果は淡い黄褐色で、通常は直立の総状果序である。堅果は楕円形。翅と堅果は開けており直立に近い。花は5月、花実は9月に実る。チベット南部に分布する。海抜3000～4000メートルの松林や杉林に自生する。

Impatiens fragicolor

漢名：草莓鳳仙花（フラクコリオール・ツリフネソウ）

ツリフネソウ科　ツリフネソウ属

1年生植物で、高さは30～70センチ。茎は太く、四稜形や円柱形に近く、肉質で分枝しない。紫色である。葉には柄があり、下部は対生となっており、上部は互生となっている。披針形や卵状の披針形となっている。総花弁は少なく、5～7枚あり、上部の葉腋に生え、散房状に並んでおり、葉と同じ長さとなっており、1～6輪の花がある。花は紫色や淡い紫色となっている。旗弁はハート状や卵形で、唇弁は幅が広く、生え際が湾曲している。蒴果は長い円形や線状で、先端は尖っている。花は7～8月に開花する。チベット（米林、林芝、工布江達、辺壩、比如）に分布する。海抜3100～3900メートルなの道端や河辺、溝辺などの湿地などに自生する。

232

Impatiens nyimana

漢名：米林鳳仙花（インパチェンス・ニルマナ）

ツリフネソウ科　ツリフネソウ属

1年生植物で、高さは20〜60センチ。茎は太く、分枝するものとしないものがある。上部は黄褐色に長い毛があり、下部にはほとんど毛はない。葉は膜質で、互生で、短い柄あるものと、上部の葉だけ柄がないものがある。卵形や卵状の披針形。総花弁は腋花や頂花で、葉より短く細く、ほとんど毛はない。2〜5輪（稀に1輪）の花がある。開花すると長さは2.8センチあり、浅い黄色や白で、内部は黄色く、赤褐色の斑点がある。旗弁は円形で、背面の先端には湾曲した小さな刺がある。唇弁は平たい漏斗形で、生え際は短く湾曲しており、蒴果は線状で、先端は尖っている。6〜9月に開花する。チベット（波密、林芝、米林）に分布する。海抜2380〜3500メートルの山谷の草むらや林の水辺に自生する。

Stellera chamaejasme

漢名：狼毒（ステルレラカマエヤスメ）

ジンチョウゲ科　クサジンチョウゲ属

多年生植物で、高さは20〜50センチ。根茎は木質で太く、円柱形である。分枝するものとしないものがあり、表面は茶色で、内面は淡い黄色となっている。茎は直立しており、密集して生えており、分枝はせず細い。緑色に紫色が混じっており、毛はなく、草のような質感。生え際は木質。葉は散生で、稀に対生や輪生となっている。薄い紙質で、披針形や長い円状の披針形で、稀に長い円形である。花は白や黄色に紫色を帯びており、ほのかに香りがする。多くの花は頭状花序で、頂生で球状。緑色の葉状の総苞片を持つ。花弁はなく、花萼は細い筒のような形をしている。花は4〜6月、花実は7〜9月に実る。中国の北部の各省から南西地区に分布する。海抜2600〜4200メートルの乾燥した高山の斜面や、河灘の台地などに自生する。強い毒素があり、虫などを死に至らせることもある。根は薬となり、去痰や痛み止めなどの効果があり、外用は疥癬に効果的である。根は工業的な過程を施せばお酒の原料にもなり、根や茎、皮は製紙にも使われる。かつてのチベットで使われる紙には欠かせない原料であった。

233

第5章 **植物**

Hippophae rhamnoides subsp. yunnanensis

漢名：雲南沙棘（スナジグミ）

グミ科　ヒッポファエ属

落葉灌木や高木といった種類があり、高さは1〜5メートル。高山の溝谷に自生するものは18メートルに達するものもある。刺が多く、太さがあり、頂生もしくは側生。枝は褐色や緑色で、銀白色の毛と褐色の鱗片や白い毛に覆われており、古い枝は緑がかった褐色で太い。芽は大きく、黄金色や錆色となっている。単葉で通常は対生、枝と似ており、紙質で細い披針形や円状の披針形となっている。果実は球状で、橙色や黄色となっている。花は4月、花実は8〜9月に実る。中国の四川宝興、康定から南や雲南北西部、チベット拉薩から東の地区に分布する。海抜2200〜3700メートルの乾いた砂地、石の多い場所、山の斜面の林に自生する。

Hypericum choisianum

漢名：多蕊金絲桃（オトギリソウ）

フクギ科　オトギリソウ属

灌木で、高さは約60センチ。密集して生えており、直立して開けた枝がある。茎は赤や橙色である。葉は三角状の披針形や稀に三角状の卵形などがあり、先端はほとんどが尖っているが、丸いものもある。生え際は楔形や円形などで紙質。表面は緑色で、背面は淡い緑色。花序には1〜7輪の花があり、茎の先端の第1節から咲き、散房状に近い。花の直径は4〜7センチで、リング状となっている。萼片は離れて生えており、開花時期や実がなる時に開けて下に湾曲し、楕円形となる。花弁は深い黄金色で、幅の広い卵形や倒卵形の円形であり、葯も黄金色。花は4〜6月、花実は9月に実る。中国の雲南（景東、貢山）、チベット南部（珠穆朗瑪峰、亜東など）に分布する。海抜1600〜4800メートルの山の斜面や断崖上、灌木林やツツジ林に自生する。

Viola biflora

漢名：雙花菫菜（キバナノコマノツメ）

スミレ科　スミレ属

多年生植物。地上の茎は細く弱い。高さは 10 〜 25 センチあり、2 本以上の茎が密集しており直立もしくは斜めに生えている。根出葉は 2 枚以上あり、葉は腎臓形で、幅のある卵形や円形となっている。花は黄色や淡い黄色で、開花時の末期には淡い白色となっている。花弁は長い円形や倒卵形で、紫色の脉がある。下部の花弁は繋げると 1 センチほどである。蒴果は長い円状の卵形で毛はない。花実は 5 〜 9 月に実る。黒竜江や吉林、遼寧、内モンゴル、河北、山西、陝西、甘粛、青海、新疆、山東、台湾、河南、四川、雲南、チベットに分布する。海抜 2500 〜 4000 メートルの高山や高山地帯の草むら、灌木林、森林の境界、岩の隙間などに自生する。民間では薬として使用され、打撲や傷などの治療に用いられる。

Epilobium angustifolium

漢名：柳蘭（ヤナギラン）

アカバナ科　アカバナ属

太めの多年生植物で、直立しており、密集して生える。根状の茎で、地面に伏せて生えており、長さは 2 メートルにも達する。太さは 2 センチほどで木質。茎の生え際からは越冬時に根が生える。茎の高さは 20 〜 130 センチで、分枝しないものと上部だけ分枝するものがある。葉は螺旋状に互生で生えており、稀に生え際に対生となっているものもある。柄はなく、披針状の長い円形や倒卵形となっている。直立した総状花序。開花前は下に垂れており、開花と同時に直立し開ける。蕾は倒卵形。萼片は赤紫色で、長い円状の披針形となっており、先端は尖っており、灰色や白い毛に覆われている。花弁は 4 枚あり、赤ピンクや赤紫となっており、稀に白色のものがある。葯は長い円形で、初期は赤く、裂ける時に赤紫となり、青色の花粉を帯びている。蒴果の長さは 4 〜 8 センチで、白や灰色の毛が貼り付いている。花は 6 〜 9 月、花実は 8 〜 10 月に実る。中国の黒竜江や吉林、内モンゴル、河北、山西、寧夏、甘粛、青海、新疆、四川西部、雲南北西部、チベットなどに分布する。北部の海抜 500 〜 3100 メートル、南西部の海抜 2900 〜 4700 メートルの開けた山地や湿った草むら、焼けた跡地、高山草原、河灘、石の多い場所などに自生する。先駆植物や主要密源植物として大事な役割を果たしている。柔らかい苗はサラダなどにして食べることができ、茎や葉は家畜の餌になる。根茎は炎症や痛み、打撲や外傷などに効果がある薬として使われる。鞣してタンニンにすることもある。

第5章 植物

Epilobium sikkimense

漢名：鱗片柳葉菜（エピロビウム・シッキメンセ）

アカバナ科　アカバナ属

多年生植物で、直立しており、密集して生える。茎の生え際は地面もしくは地下に太い肉質の根を持つ。茎の高さは5～60センチで、分枝しないものとややするものがある。葉は対生で、花序にある葉は互生。草質や膜質で、柄はなく、やや茎を包み込んでいる。花序は下に垂れており、苞片から茎の先端まで密集して生えている。開花前は直立もしくは下に垂れている。蕾は長い円状の卵形。萼片は長い円状の披針形や竜骨状となっている。花弁は赤ピンクやバラ色となっており、広い倒心形や倒卵形となっている。蒴果は直立しており、少ない柔毛を持つ。花は6～8月、花実は8～9月に実る。陝西西部（太白山）や甘粛東南部、青島南部、四川西部、雲南北西部からチベットなどの地域に分布する。海抜（2400）3200～4700メートルの高山の草地や渓谷、砂利道、川岸などの湿った場所に自生する。

Panax japonicus var. major

漢名：珠子參（トチバニンジン）

ウコギ科　トチバニンジン属

多年生植物で、高さは30～60センチ。根茎は長い数珠のような形で、先端は竹の節のようになっている。茎は地上に1本のみ。掌状の複葉が4～6枚あり、輪生で茎の先端に咲く。葉柄の長さは4～8センチあり、子葉は5～8枚で膜のような質感。倒披針形や倒卵状の楕円形となっている。傘形の花序で、茎の先端に1つあり、いくつかの花がある。花は黄緑色で、後期には赤くなる。果実は球状で、熟すと赤から黒へと変わる。花は6～7月、花実は8～9月に実る。海抜2400～3300メートルの林などに自生する。チベットや雲南、貴州、四川、甘粛、山西、陝西、湖北、河南などに分布する。

Hippuris vulgaris

漢名：杉葉藻（スギナモ）

オオバコ科　オオバコ属

多年生植物で、株には光沢があり毛はない。茎は真っ直ぐで、多くの節目があり、赤紫色となっている。高さは8〜150センチで、泥の中から生えている。葉は細長く、輪生かつ両型で、柄はない。4〜12輪の輪生となっている。水中の根茎は太く、円柱形である。葉は細い披針形で、縁は丸く、やや湾曲していて柔らかい。茎の中部から生える葉が最も長く、そこから両側に短くなっている。水面上の根茎はやや細く、節間は短い。花は細く小さい。両性であり、葉腋に一輪のみ咲く。花実は小さく、卵状の楕円形。花は4〜9月、花実は5〜10月に実る。中国の東北や内モンゴル、華北北部、西部、台湾、南西部、チベットなどに分布する。多くは海抜40〜5000メートルの浅い沼地や湖、渓流、河岸などに自生する。

Bupleurum marginatum var. stenophyllum

漢名：窄竹葉柴胡（ブプレウルムマージナーツム）

セリ科　サイコ属

多年生の叢生植物であり、高さは34〜64センチ。主根は円柱形で赤茶色。茎は分枝しており、葉は細長く、長さ3〜18センチ、幅5〜8ミリである。複散形花序で、先端の花序は側面の花序より短くなっている。花弁は浅い黄色。花実は長い円形で茶色。稜は細長く、翼のような形をしており、各稜の内部には油管が3本、合生面が4つある。花実は7〜9月に実る。中国西部と南西部に分布する。海抜1850〜3000メートルの山の斜面や灌木林などに自生する。

第5章 植物

Diapensia himalaica

漢名：喜馬拉雅巖梅（ヒマラヤイワウメ）

イワウメ科　イワウメ属

常緑の地面に張り付いて自生する灌木で、高さは約5センチ。多く分枝し、密集して生える。葉は小さく、螺旋状に密集した互生で革質。倒卵形や倒卵形の鍵形などで、縁は丸い。花は枝の先端に咲き、バラ色や白色である。花弁はない。萼片は5枚あり、分離しており、赤紫色である。開花時には卵形であり、花実が実る時期には膨らみ、卵状の楕円形などである。花冠は鐘状である。蒴果は球状で、花萼に包まれており、赤紫色や淡い赤色となっている。花は5～6月、花実は8月に実る。中国の雲南北西部やチベット東南部に分布する。海抜3900～5000メートルの山の斜面や草むらや岩の上に自生する。

Monotropa hypopitys var. hirsute

漢名：毛花松下蘭（シャクジョウソウ）

イチヤクソウ科　シャクジョウソウ属

多年生植物で腐生植物でもある。高さは8～27センチで、球根には白い太い毛があり、葉はない。白や淡い黄色で肉質。乾くと黒褐色になる。根は細く、たくさん分枝する。葉は鱗片状で、直立しており、互生。上部は葉が少なく、下部に密集して生える。総状花序に3～8輪の花を持つ。花は下に垂れており、少しずつ直立する。花冠は筒状。蒴果は楕円状の球形。花は6～8月、花実は8～9月に実る。中国の山西や湖北、湖南、安徽、江西、福建、台湾、チベットに分布する。海抜1550～4000メートルの広葉樹林や針葉樹林に自生する。

Cassiope fastigiata

漢名：掃帚岩須（カシオペ・ファスティギアータ）

ツツジ科　イワヒゲ属

緑群生灌木で、高さは15〜30センチ。枝は多く、上に向かって伸びている。直径は約4ミリで、葉は枝から四方に生えており、瓦のように生えている。葉は硬く革質で、卵状の円形となっている。花は一輪のみで、腋に咲き、下に垂れている。花萼は5枚あり、紫色で、縁は乾いた膜のような質である。縁は丸く、細かい歯のようになっている。花冠は鐘状で白色。蒴果は球形で、直立しており、種を多く持つ。花は5〜7月、花実は8〜9月に実る。中国の雲南北西部やチベット東南部に分布する。海抜3800〜4500メートルの高山の灌木林や石の隙間などに自生する。克什米尔地区から不丹に分布する。球根は喘息に効果的である。

Cassiope wardii

漢名：長毛岩須（カシオペ・ワーディー）

ツツジ科　イワヒゲ属

常緑小半灌木で、高さは10〜20センチ。たくさん分枝し、枝は真っ直ぐか外側に傾いている。先端には細かい毛があり、四方に瓦のような葉が斜めに生えている。葉は硬い革質で、披針形や披針状の円形などで、長さは6ミリ。縁には細かい灰色の毛が多く生えている。古い葉の上は黒褐色になる。花は1輪のみで、花弁の長さは約5ミリで、太く、湾曲した淡い黄色の柔毛に覆われており、中間部より上は下に湾曲している。花は下に垂れている。花萼は5裂あり、裂片は長い楕円形で、長さは約3.5ミリあり、白く両面に毛はない。先端は赤く、上部の縁には細かい毛がある。花冠は鐘状で、長さは約1ミリ、白色で内部の生え際には赤い部分があり、両面とも毛はなく平たい。蒴果は小さい球状で、直径は約2ミリで毛はない。萼内に包まれている。花は5〜6月、花実は7〜9月に実る。中国四川の西部や雲南北西部、チベット東南部に分布する。海抜（2000〜）2900〜3500（〜4500）メートルの灌木林やクッション灌木の多くある草地に自生する。

第 5 章 植物

Cynoglossum amabile

漢名：倒提壺（シノグロッサム・アマービレ）

ムラサキ科　オオルリソウ属

多年生植物で、高さは 15 〜 60 センチ。茎は一本のみで、貼り付くような柔毛がある。葉は長い円状の披針形で、両面に短い柔毛を持つ。花序は鋭い角度で分枝しており、枝は密集して上に伸びており、円錐状になっている。花は小さく、花弁は 5 つ。長い楕円形で、プロペラ状に開けており、青色である。堅果は小さい卵形で、刺のような形で密集して生えている。花実は 5 〜 9 月に実る。海抜 1200 〜 4600 メートルの山の斜面の草地や山地の灌木林、乾いた道端や針葉樹林に自生する。中国の中西部から南西部、チベット南西部から東南部に分布する。

Eritrichium brachytubum

漢名：大葉假鶴虱（ミヤマムラサキ）

ムラサキ科　ミヤマムラサキ属

多年生植物で、高さは 40 〜 70 センチ。茎は多く分枝し、少ない短い毛がある。葉柄は長く、葉片は心形で、先端が尖っている。花序は二又状で、花弁は比較的長い。花は大きく、花弁は 5 枚あり、長い楕円形で、歯車のように開けており、青や淡い紫色である。堅果の稜縁には刺があり、先端は鉤のような形となっている。花実は 7 〜 8 月に実る。海抜 2900 〜 3800 メートルの山の斜面や林に自生する。チベット南部から東南部、雲南北西部、四川から甘粛南部に分布する。

Microula sikkimensis

漢名：微孔草（ミクロウラシキメシス）

ムラサキ科　微孔草属

2年生植物で、茎の高さは10〜65センチあり、直立している。葉は細い卵形で、先端は尖っている。生え際は楔形で、中間部から上の葉は小さい。輪散花序にいくつかの花があり青紫色である。花弁は5枚あり、円形に近い。堅果は小さい卵形で、小さな瘤と短い毛がある。5〜9月に開花し、10月に花実が実る。海抜3000〜4500メートルの山の斜面の草地や灌木林、林、河辺など石が多くある草地、田んぼなどに自生する。中国の中西部から南西部、チベット東部や南部などに分布する。

Galeopsis bifida

漢名：鼬瓣花（チシマオドリコソウ）

シソ科　チシマオドリコソウ属

1年生植物で、高さは20〜60センチ。茎は直立しており、丸い四稜形となっている。葉は円状の披針形で、先端は鋭く、縁には等間隔に歯がある。輪散花序で腋に多くの花が密集して咲く。花は小さい唇形で黄色や白色。上唇部は円形で先端は丸く、下唇部の中間部には3つ亀裂がある。堅果は小さい倒卵状の3稜形で褐色。花は7〜9月、花実は9月に実る。海抜4000メートル以下の林や道端、田んぼ、灌木林、草地などに自生する。中国で広く分布する雑草であり、チベット東南部にも分布する。

第 5 章 植物

Nepeta souliei

漢名：狭葉荊芥（ネペタソウリエイ）

シソ科　イヌハッカ属

多年生植物で、根茎は木質。その上には細かいヒゲ根がある。茎の高さは 60〜80 センチで、一般的には分枝をする。四稜形で細かい毛で覆われている。葉は幅の広い披針形で、先端は鋭く、生え際は切形に近く、縁には丸い歯があり紙質。少ない輪散花序が並んでおり、茎の先端や枝の先端に咲く。花は唇形で、細く、紫色である。生え際には長い管があり、上唇部は幅広く、下唇部は斜めに開けている。中間部は更に大きく、白に紫色の斑点がある。花は 7〜10 月に開花する。海抜 2600〜3350 メートルの山の斜面の草地や林に自生す

Phlomis tibetica

漢名：西藏糙蘇（チベットフロミス）

シソ科　フロミス属

多年生植物で、茎の高さは 18〜52 センチで四稜形である。硬く短い毛や少量の柔毛により覆われている。根出葉は卵状の心形で、縁には丸い歯や太い歯があり、すべて同じ形をしている。輪散花序で花は多い。苞片はダイヤのような形で、花萼よりやや短く、紫褐色の毛に覆われている。花萼は管状となっている。花冠は紫色で、外側の上部は星状の毛で覆われている。冠筒は下に垂れる毛に覆われているものと毛のないものがあり、内側は冠筒に斜めに断たれたような毛が円状となって生えている。冠檐は 2 唇形で、上唇部の長さは約 8 ミリ、縁には小さな歯があり、その内側には灰色や黒色の毛がある。堅果は小さく毛がない。花は 7 月に開花する。チベット南部に分布する。海抜 3900〜4200（〜4500）メートルの開けた高山の草むらや、渓辺、林などに自生する。

Prunella hispida

漢名：硬毛夏枯草（プリュネラ・ヒスピダ）

シソ科　ウツボグサ属

多年生植物で、多くのヒゲ根が地面に貼り付くように生えている。茎は直立しており、高さは15〜30センチで、丸い四稜形に平たく硬い毛が生えている。葉は卵形で、先端は鋭く、生え際は丸くなっている。縁は浅い波形で、両面に硬い毛が密集して生えている。輪散花序で、通常で6輪の花がある。花は唇形で、花冠は紫や青紫色。上唇部は竜骨状で、内側は凹んでいる。下唇部は幅が広く、中間部は膨らんでおり円形に近い。縁には小さな波形の歯がついている。堅果は小さく、数珠のような形でついている。全体的に平たく、茶色で毛はない。花と花実は6月から翌年の1月にかけて入り乱れるように咲く。海抜1500〜3800メートルの道端や林、山の斜面の草地などに自生する。チベット東南部や四川、雲南に分布する。

Salvia castanea f.tomentosa

漢名：絨毛栗色鼠尾草（サルビアカスタネア）

シソ科　アキギリ属

多年生植物で、根茎は太く、紫褐色の線状の根もある。茎の高さは30〜65センチで、分枝はしない。四稜形で、下部にはやや毛があり、上部にたくさん柔毛がある。葉は楕円状の披針形で、先端は丸い。生え際も丸く、縁には不規則な丸い歯があり、紙質で背面は灰色の絨毛に覆われている。輪散花序で2〜5輪の花を持ち、総状に並んでいる。花は唇形で、比較的大きく、深い紫色で、外側に毛が生えている。上唇部は直立しており、帽子のような形をしている。下唇部は三角形で、中間部が舌状に膨らんでおり、色は白に近く、紫色の斑点を持つ。堅果は小さく、倒円形となっている。花は5〜9月に開花する。海抜2700〜3100メートルの山の斜面や道沿いに自生する。チベット東南部に分布する。

第5章 **植物**

Lancea tibetica

漢名：肉果草（ランセアティベディカ）

ゴマノハグサ科　ランケア属

小型の多年生植物で、高さは約3～7センチ。根状の茎は細長く、横に伸びている。葉は6～10枚あり、密集して生えている。倒卵形で革質。先端は丸く、縁に歯はない。花は2～5輪が密集して咲く。唇形で、花冠は紫色。上唇部は直立しており、うさぎの耳のように裂けている。先端部は外側に巻かれており、下唇部は山の字型で、中間部には白い毛が目立つ。果実は卵状の球形で、赤色や深い紫色となっている。種は円形に近く、黄土色である。花は5～7月、果実は7～9月に実る。海抜2000～4500メートルの草地や林、溝谷などに自生する。チベットや青海、甘粛、四川、雲南などに分布する。

Pedicularis cryptantha

漢名：隠花馬先蒿（ペディクラリス・クリプタンサ）

ゴマノハグサ科　シオガマギク属

低木植物で、高さは12センチを超えない程度。根茎は短く、下の先端には肉質の大きく膨らんだ根が繋がっている。茎は短く、複雑に分枝し、密度が高い。生え際には長い毛がある。葉には長い柄があり、縁には羽状の深い亀裂がある。花は腋生で唇形。花弁は黄色で、浅い赤褐色の鶏冠状の突起があり、先端はやや内側に巻かれている。5～6月に開花する。海抜2900～3400メートルの河岸や湿った林などに自生する。チベット東部から東南部に分布する。

Pedicularis longiflora var. tubiformis

漢名：管狀長花馬先蒿（ペディクラリス・ロンギフローラ）

ゴマノハグサ科　シオガマギク属

低木植物で、根は束ねて生えており短い。葉は密集して生えており、長い柄を持つ。披針形で、縁には羽状の浅い亀裂がある。花はほとんどが腋生で、唇形をしており、長い管がある。花冠は黄色で、生え際に黒い斑点があり、鶏冠状に突起しており、後部は細い半円のように巻かれている。蒴果は披針形で、種は細い円形となっている。5～10月に開花する。海抜2700～5300メートルの高山草地や渓流の岸などに自生する。中国南西部やチベット東南部に分布する

Pedicularis roylei

漢名：羅氏馬先蒿（ペディクラリス・ロイレイ）

ゴマノハグサ科　シオガマギク属

多年生植物で、高さは7～15センチ。根茎は木質で短い。茎は直立しており、赤褐色に、縦稜があり、白い毛に覆われている。葉は茎の根の根元から生えており、輪生となっており、披針状の円形で、羽根のように裂けている。総状花序で、花は2～4輪で、密集して生えている。花は中型で、花弁は3枚で赤紫色。花弁の上部には長細い鶏冠のような突起がある。蒴果は卵状の披針形。花は7～8月、花実は8～9月に実る。海抜3700～4500メートルの高山の草むらに自生する。中国の南西部やチベット東南部に分布する。

第 5 章 **植物**

Pedicularis trichoglossa

漢名：毛盔馬先蒿（ペディクラリス・トリコグロッサ）

シソ科　メボウキ属

多年生植物で、高さは 30 〜 60 センチ。簇生のヒゲ根がある。茎は分枝せず、溝のような模様となっている。下部の葉が最も大きく、生え際に近づくにつれ細くなる。輪郭は長めの披針形で、縁には羽根のような浅い亀裂がある。総状花序で、花は大きく唇形で、花弁は赤紫色で、生え際付近の管の部分は湾曲しており、下唇にあたる部分はやや広く、半円形で、両端には窪みがあり、背面は赤紫色や白の長い毛に覆われている。花実は卵形で、黒く毛はない。海抜 3600 〜 5000 メートルの高山草地や林に自生する。中国の南西部やチベット東南部に分布する。

Verbascum thapsus

漢名：毛蕊花（ビロードモウズイカ）

ゴマノハグサ科　モウズイカ属

多年生植物で、高さは 1.5 メートルに達する。球根は浅い灰黄色の厚い毛に覆われている。葉は細長く、生え際はやや細くなっており、縁には浅い歯がある。穂状花序は円柱状で、長さは 30 センチほどで、花は密集して咲き、花弁は黄色。蒴果は卵形。花は 6 〜 8 月、花実は 7 〜 10 月に実る。海抜 1400 〜 3200 メートルの山の斜面の草地や河岸の草地に自生する。中国北部から南西部、チベット東南部に分布する。

Veronica anagallis-aquatica

漢名：北水苦蕒（オオカワヂシャ）

ゴマノハグサ科　クワガタソウ属

多年生植物で、全体に毛はない。茎は直立しており、高さは10〜100センチ。葉に柄はなく、上部の半分は茎を包んでおり、長い卵形である。花序は葉より長く、小さい花が多くある。花弁は4枚あり白色である。生え際には浅い青紫色の帯状の模様があり、広い卵形である。蒴果は円形に近い。水辺や沼地に自生し、南西部の海抜4000メートルの場所にも自生する。中国の長江より北から南西部の各省に分布する。苗は食料にもなる。

Boschniakia himalaica

漢名：丁座草（ヒマラヤオニク）

ハマウツボ科　オニク属

球根からの高さは15〜45センチで、円柱形で、太いクレヨンのようでもある。開花前は黒褐色となっている。根状の茎は球形である。茎は分枝しておらず、肉質である。葉は広い三角形。総状花序で、多くの花が密集して咲いており、花弁は黄褐色で、比較的大きく、生え際はやや膨らんでいる。蒴果は球形に近く、種も不規則な球体となっており、明るい黄色に網目がある。花は4〜6月、花実は6〜9月に実る。海抜2500〜4000メートルの林や灌木林などのツツジ科の植物の根に自生する。中国青海や甘粛、陝西、湖北、四川、雲南、チベットに分布する。薬として使われ、痛み止めや咳止め、胃を整える効果もある。

第5章 **植物**

Plantago asiatica subsp.erosa

漢名：疏花車前（オオバコ）

オオバコ科　オオバコ属

多年生植物。多くのヒゲ根を持つ。根茎は短く、やや太い。葉は蓮座状に生えており、地面に張り付いている。葉は薄い紙質で卵形。先端は丸いものと尖っているものがある。縁は波状となっている。花序の長さは5～30センチで、縦に模様があり、やや白く短い毛がある。穂状花序は細い円柱形で、10ほどの小さく白い花がある。雄蕊と花柱は目立って外に伸びている。蒴果は円錐状の卵形。種は細く、黒い楕円形である。花は5～7月、花実は8～9月に実る。海抜350～3800メートルの山の斜面の草地や河岸、溝辺、田んぼなどに自生する。中国の南部やチベット東南部に分布する。

Leycesteria formosa var. stenosepala

漢名：狭萼鬼吹簫（ヒメヒマラヤニンドウ）

スイカズラ科　スイカズラ属

灌木で、高さは1～2メートル。全体に暗い赤色の短い毛がある。葉は心形で、先端が尖っており、縁に歯はない。頂生の穂状花序で、串のようになっており、深い赤紫色をしている。苞片は三角形で、いくつかの球体の蕾を包んでおり、先端の萼は裂けており、細長くなっており、線状の披針形でラッパ状となっている。頂部の花が先に開花し、白色や赤ピンクとなっている。果実は赤色から黒い紫色に変わる。海抜1600～3500メートルの山の斜面や山谷、渓辺の林、灌木林などに自生する。中国の南西部やチベット南部に分布する。

Lonicera webbiana

漢名：華西忍冬（ロニセラ・ウェッピアナ）

スイカズラ科　スイカズラ属

落葉灌木で、高さは 3 メートルにも達する。枝は暗い赤色。葉は紙質で、卵状の楕円形で、先端が鋭く、縁には不規則な波状の突起がある。花は葉の生え際から出ており、花弁はやや長く、一般的には 2 輪あり、花弁は紫色で唇形をしている。外側には短い毛がある。果実は赤色から黒色に変わり、円形である。花は 5 〜 6 月、果実は 8 〜 9 月に実る。海抜 1800 〜 4000 メートルの針広混交林や山の斜面の灌木林、草地などに自生する。中国中西部から南西部、チベット東南部に分布する。

Sambucus chinensis

漢名：接骨草（ソクズ）

スイカズラ科　ニワトコ属

高さは 1 〜 2 メートルで、茎には長い模様がある。羽状複葉が 2 〜 3 対あり、互生もしくは対生となっている。葉は細い卵形で、先端は鋭く、生え際は丸く、縁には細かいノコギリの刃がある。頂生の複散形花序で、密集した白色の小さな花や褐色の蕾を持ち、雄花は黄色で花弁より出ている。果実は赤く、円形に近い。花は 4 〜 5 月、果実は 8 〜 9 月に熟す。海抜 300 〜 2600 メートルの山の斜面や林、溝辺、草むらなどに自生する。中国長江流域の各省やチベット東南部に分布する。球根は薬となり、打撲や外傷に効き、血液の流れを活発にし、解毒の効果もある。

第5章 **植物**

Leptodermis pilosa

漢名：川滇野丁香（シチョウゲ）

アカネ科　シチョウゲ属

灌木で、高さは約 1.5 メートル。枝は円柱形で軟らかく、短い毛に覆われている。古い枝には毛はない。葉は革質で、細く小さく、多くが卵形に近い。頂生の輪散花序で、通常でいくつかの花があり、漏斗状となっており、管はやや長くなっている。花弁は赤紫色や白色で、外側には短い毛があり、星形となっている。花実は小さく、長い楕円形となっている。花は 6 月、花実は 9 ～ 10 月に実る。海抜 1640 ～ 3800 メートルの日の当たる山の斜面や灌木林に自生する中国特有の植物である。中国の中西部から南西部、チベット東南部に分布

Morina nepalensis var. alba

漢名：白花刺参（ネパールモリナ）

マツムシソウ科　モリナ属

多年生植物。茎は 1 つのみ分枝し、高さは 10 ～ 40 センチあり、上部には縦に並ぶ毛が少しある。根出葉は線状の披針形で、先端は尖っており、生え際はやや細くなっている。縁には刺のような毛が少しある。茎からは対生の葉が生えており、長い円状の卵形で、縁には刺のような毛がある。頂生の假頭状花序で、いくつかのラッパ状の小さい花があり、花萼は緑色に刺のような毛がある。花弁は 5 枚で白色、五角星のような形となっている。花実は柱形で、青褐色であり、短い毛に覆われている。花は 6 ～ 8 月、花実は 7 ～ 9 月に実る。海抜 3000 ～ 4000 メートルの山の斜面の草むらや林に自生する。チベット東部から中部、四川西部から雲南北西部に分布する。

Adenophora liliifolioides

漢名：川藏沙参（チベットツリガネニンジン）

キキョウ科　ツリガネニンジン属

多年生植物で、茎は通常1つのみで分枝しない。高さは30～100センチで、細い毛が多くある。根出葉は心形で、長い柄があり、縁には太めの歯がある。茎から生える葉は卵形で、縁には少ない歯があり、背面には硬い毛がある。花序は短く分枝しており、細い円錐花序を形成している。花は青色で、筒状の鐘形となっている。花弁は先端が鋭く、外に向かって巻かれている。蒴果は長い卵形。海抜2400～4600メートルの草地や灌木林、石の間などに自生する。チベット東部から東南部、四川や甘粛に分布する。

Campanula colorata

漢名：西南風鈴草（カンパニュラ・コロラータ）

キキョウ科　ホタルブクロ属

多年生植物で、根はニンジンのような形になっており、茎よりやや太い。茎は単性で、直立しており、高さは60センチほどで、開けた硬い毛がある。茎上部の葉は楕円で、先端は尖っているものと丸いものがある。縁にはやや歯があり、両面に毛がある。花は下に垂れており、茎の先端に咲く。管状の鐘形で、紫色や青紫色となっている。蒴果は倒円錐状である。種は円状でやや平たい。海抜1000～4000メートルの山の斜面の草地や林などに自生する。花は5～9月、花実は9～10月に実る。中国の南西部が原産であり、チベット南部から東南部に分布する。根は薬として使われ、風疹などの治療に効果がある。

251

第 5 章 **植物**

Campanula aristata

漢名：鉆裂風鈴草（カンパニュラ・アリスタータ）

キキョウ科　ホタルブクロ属

多年生植物で、根はニンジンのような形となっている。茎は通常 2 つ以上が簇生し、直立しており、高さは 10 〜 50 センチ。根出葉は円形に長い柄があり、毛はない。花は青色や紫色で、ラッパ状となっている。蒴果は円柱形。種は長い楕円形で、黄土色となっている。花は 6 〜 8 月、花実は 9 〜 10 月に実る。海抜 3500 〜 5000 メートルの草むらや灌木林に自生する。原産地は中国中西部や南西部で、チベット東南部に分布する。

Cyananthus macrocalyx

漢名：大萼藍鐘花（キアナンタス・マクロカリックス）

キキョウ科　キアナンタス属

多年生植物。茎の生え際は太く、木質である。頂部には卵状の披針形の鱗片があはら、茎は数本あり、分枝しない。生え際には茶褐色の長い柔毛がある。葉は互生で、花の下にある 4、5 枚の葉は輪生状に簇生しており、葉はひし形で、縁は反り返っており、先端は丸くなっているものと尖ったものがある。花は茎の先端に 1 輪のみで、花は黄白色で筒状の鐘形となっている。花は 7 〜 8 月に開花する。海抜 2500 〜 4600 メートルの山地の林間や草むら、草地の斜面などに自生する。原産地は中国南西部で、チベット東南部に分布する。

Anaphalis nepalensis

漢名：尼泊爾香青（ニイタカウスユキ）

キク科　シオン属

多年生植物で、根状の茎は太さがそれぞれである。長さは約20センチになり、細い枝と倒卵形の葉を持つ。葉の背面には白い毛が生えている。茎は直立もしくは斜めに生えており、高さは5〜45センチ。頂生の頭状花序で、2〜4輪の花を持つ。花は蓮の花のように開けて咲き、花弁は白く尖っている。雄蕊と雌蕊は中央にあり黄色である。瘦果は円柱形で、少ない毛に覆われている。花は6〜9月、花実は8〜10月に実る。高山や亜高山の草地、林、溝辺、岩の上に自生する。原産地はチベットや甘粛、四川、雲南、陝西。

Anaphalis nepalensis var. monocephala

漢名：單頭尼泊爾香青（アナファリス・ネパレンシスモノケファラ）

ハマウツボ科　ハマウツボ属

球根からの高さは15〜45センチで、円柱形をしており、太いクレヨンのような形をしている。開花前は黒褐色である。根状の茎は球状に近い。茎は分枝せず、肉質である。葉は広く三角形である。総状花序で、多くの花が密集して咲き、花弁は黄褐色で、やや大きい。筒の部分はやや膨らんでいる。蒴果は球体に近く、種も不規則な球体で、明るく浅い黄色に網目模様がある。花は4〜6月、花実は6〜9月に実る。海抜2500〜4000メートルの林や灌木林、ツツジ科の植物の根に自生する。原産地は中国青海や甘粛、陝西、湖北、四川、雲南、チベット。全体が薬として使われ、痛み止めや咳、胃の調子を整える。

第5章 植物

Aster alvescens var. pilosus

漢名：長毛小舌紫菀（アルベネセンズシオン）

キク科　シオン属

小型の灌木で、高さは 30 〜 150 センチ。茎は多く分枝し、古い枝は褐色で毛はない。新しい枝は緑色で、黄褐色の毛で覆われている。葉は細長く、生え際は楔形で、縁に歯はなく、先端が鋭い。頭状花序には数十枚の舌状の花なあり、花弁は浅い赤紫色で、中央にある管状の花は黄色である。萌果は長い円形に毛が密集して生えている。花は 6 〜 9 月、花実は 8 〜 10 月に実る。海抜 2800 〜 4000 メートルの林や灌木林に自生する。チベット東部や四川西部、雲南北西部に分布する。

Ligularia tsangchanensis

漢名：蒼山橐吾（リグラリア・サンチャンチャナ）

キク科　メタカラコウ属

多年生植物。根は肉質で、毛に覆われている。茎は直立で、高さは 5 〜 120 メートルあり、上部と花序は白い蜘蛛の糸のような毛と黄褐色の短い柔毛に覆われている。下部は光沢がある。簇生の葉と茎の下部の葉には柄があり、葉は長い円状の卵形で、稀に円形のものもある。最上部の葉は小さく披針形である。総状花序で、長さは 7 〜 25 センチあり、稀に下部が分枝している。頭状花序の数は多く、プロペラ状になっている。花は黄色で舌状に管状の花がついている。瘦果は白く長い円形で、長さは 5 〜 6 ミリで光沢がある。花実は 6 〜 9 月に実る。チベット東南部や雲南北西部から東北部、四川南西部に分布する。海抜 2800 〜 4100 メートルの草地の

Saussurea conica

漢名：腫柄雪蓮（サウスレアコニカ）

キク科　トウヒレン属

多年生植物。茎の高さは 20 〜 45 センチで、上部は白く短い柔毛に覆われており、生え際は褐色の葉が残っている。茎の下部の葉は長い円形。最上部の茎から生える葉は苞葉状の卵形で、赤紫色をしている。1 〜 6 つの頭状花序があり、茎の先端は散房状に配列されている。総苞鐘状の披針形で、先端は鋭く、外側は白い柔毛に覆われている。花は小さく、青紫色で、長さは約 1 センチ。冠毛は淡い黄色。チベットに分布する。海抜 4600 〜 5300 メートルの山の斜面に自生する。

Saussurea velutina

漢名：氈毛雪蓮（サウスレアウェルチナ）

キク科　トウヒレン属

多年生植物で、高さは 17 〜 35 センチ。茎は根状で太く、直立しており、黄褐色の長い柔毛に覆われている。葉は細長く、先端は鋭く、生え際は細くなっている。縁には小さな葉があり、両面に黄褐色の毛が生えている。先端の葉は倒卵形で、先端は鋭く赤紫色である。頂生の頭状花序で、総苞片が 4 重にあり、黒紫色で、内側には数輪の小さな赤紫色の花がある。痩果は長い円形である。花実は 7 〜 9 月に実る。海抜 5000 メートルの高山草地や灌木林、流石灘に自生する。中国南西部やチベット東南部に分布する。

第5章 **植物**

Saussurea wellbyi

漢名：羌塘雪兎子（サウスレア・ウェルビイ）

キク科　トウヒレン属

茎を持たない蓮座状の植物。根は倒円錐状で、深い褐色をしている。葉は蓮座状で、星状に配列されており、線状の披針形で柄はない。中部から上は徐々に鋭くなり、両面が赤紫色。頭状花序は蓮座状の葉が簇生する中に半球形に咲き、花は小さく紫色。痩果は円柱形で、冠毛は白く、ベルベットのように蓮座中央に被されている。花実は7～9月に実る。海抜2000～5400メートルの高山草地や山の斜面の灌木林、河辺や沼地、河灘などに自生する。中国の甘粛や青海、四川、雲南、チベットに分布する。

Senecio laetus

漢名：菊狀千裏光（セネシオ・ラエティス）

シバナ科　シバナ属

多年生植物。茎は1本のみで、直立しており、高さは40～80センチ。葉は膨らんでおり、卵状の披針形。先端は丸く、生え際には歯があり、縁は羽状に分裂している。頭状花序に数十個の舌形の花があり、中央は暗い黄色。花弁は黄色で長く、先端には細い歯がある。痩果は円柱形で、少ない毛に覆われており、風に吹かれると簡単に落ちる。花は4～8月、花実は9～10月に実る。海抜1100～3750メートルの林や開けた草地の斜面、田んぼや道端に自生する。原産地は中国中部から南西部で、チベット南部から東部に分布する。

Triglochin maritimum

漢名：海韭菜（シバナ）

シバナ科　シバナ属

多年生植物。根茎は短く、多くのヒゲ根を持つ。葉はすべて根本から生えており、線状である。花萼は直立した円柱形に光沢があり、中部から上には花が密集して配列されており、頂生総状花序である。花弁は6枚あり緑色。2輪配列で、外側は卵形で、内側が細い。蒴果は六稜状の楕円形で、熟すと後部の先端な割れ、外側に巻かれる。花実は6〜10月に実る。湿った砂地や海辺の塩灘に自生する。中国の東北部や華北、北西部、南西部の各省に分布する。

Potamogeton pusillus

漢名：小眼子菜（イトモ）

ヒルムシロ科　ヒルムシロ属

沈水植物で、根茎はない。茎は楕円柱や円柱形で細く、根本は地面に貼り付いている。節部からは長く白いヒゲ根が生えている。葉は線状で柄はない。先端が鋭く、縁は丸い。頂生の穂状花序に2〜3輪の花があり、隙間が挟んで並んでいる。花序弁は茎が同じくらいの太さ、もしくは茎よりやや太い。花は小さく、花弁は4枚で緑色。果実は斜めに生えた倒卵形。花実は5〜10月に実り、中国の南北各省に分布するが、北部の方がより多い。池や珊瑚、沼地、水田などの静かな緩流に自生する。品種が多く、北半球の温帯の水域では常に見かける。

第 5 章 **植物**

Arisaema elephas

漢名：象南星（ゾウナンショウ）

サトイモ科　テンナンショウ属

多年生植物で、茎の一部に球体に近い部分がある。葉は黄緑色で、心形となっている。葉柄は直立しており、長さは 20 〜 30 センチ。花序の柄は葉より短い。苞花の根本は黄緑で、管部には白い線模様があり、上部は全て深い紫色となっており、管部ら円柱形。楯の部分は長い円状の披針形。肉穂花序は苞花の内部にあり、雄花には長い柄があり、ヘビのように伸びている。雌花は長い卵円形で、細かい毛が生えている。漿果はレンガ色で、楕円形。種は卵形で淡い褐色であり、喙がある。花は 5 〜 6 月、果実は 8 月に実る。海抜 1800 〜 4000 メートルの河岸や林の斜面、草地や荒地に自生する。チベット南部から東南部、雲南、貴州に分布する。

Aristata wardii

漢名：隠序南星（アリスタータワーディー）

サトイモ科　テンナンショウ属

多年生植物で、茎には球体の部分がある。葉は手のひらのように分裂しており、柄はなく、楕円形。両端は細く、長さ 1 センチの尾がある。花序の柄は 27 〜 45 センチある。苞花は緑色に淡い緑色の線模様があり、長さは約 10 センチ。管部は円柱形となっている。楯部は卵形で、先端は鋭く、約 5 センチの尾がある。肉穂花序は苞花の内側にあり、緑色の円柱形。果序は円柱形であり、漿果は乾くとオレンジ色となり、卵形である。種も卵形、褐色で、表面に網目模様がある。花は 6 〜 7 月、果実は 7 〜 8 月に実る。海抜 2400 〜 4200 メートルの林や草地に自生する。チベット南部から東南部、青海と陝西の境界域に分布する。

Juncus thomsonii

漢名：展苞燈心草（ジュンカス・トムソニー）

イグサ科　イグサ属

多年生植物で、高さは（5〜）10〜20（〜30）センチ。根状の茎は短く、褐色のヒゲ根を持つ。茎は直立しており、簇生である。淡い緑色の円柱形である。葉は全て根本から生え、一般的には2枚ある。細い線形である。1つのみの頂生の頭状花序で、4〜8輪の花がある。苞片は3〜4枚あり、開けており、卵状の披針形。先端は丸く、赤褐色。花弁は短く、長い円状の披針形で、内側のものがやや短い。先端は丸く、黄色や淡い黄白色で、時間が経つと背面が褐色に変わる。蒴果は三稜状の楕円形で、熟すと赤褐色から黒褐色に変化する。種は長い円形で、両端に白い附属物がある。花は7〜8月、果実は8〜9月に実る。原産地は中国の陝西や甘粛、青海、四川、雲南、チベット。海抜2800〜4300メートルの高山の草むらや池辺、沼地や林など湿った場所に自生する。中央アジア、ヒマラヤ山域に分布する。

Juncus sikkimensis

漢名：錫金燈心草（ジュンカス・シッキム）

イグサ科　イグサ属

多年生植物で、高さは10〜26センチ。根状の茎は横に伸びており、脆い褐色のヒゲ根がある。茎は直立しており、円柱形でやや平たく、緑色。葉は全て根本から生え、通常は2〜3枚あり、円柱形となっており、茶褐色や赤褐色となっている。先端にはふっくらした突起がある。2つの頭状花序から成り立っており、各花序に2〜5輪の花がある。花は大きく、花弁は披針形で黒紫色。蒴果ら三稜状の卵形で、熟すと光沢のある栗色になる。花は6〜8月、果実は7〜9月に実る。海抜4000〜4600メートルの山の斜面の草むらや林、沼地などの湿った場所に自生する。中国の甘粛や四川、雲南、チベットに分布する。

第5章 # 植物

Aletris pauciflora

漢名：少花粉条兒菜（マレトリスパウキフローラ）

ユリ科　ソクシンラン属

球根は太く、肉質な細いヒゲ根がある。葉は簇生で、披針形をしている。先端は鋭く毛はない。花萼の高さは8〜20センチで、柔毛が密集して生えている。総状花序でいくつかの鐘形の花があり、浅い黄色や白色となっている。花弁は比較的長く、先端は鋭く、外に巻かれている。果実は円錐形で毛はない。花実は6〜9月に実る。海抜3500〜4000メートルの高山の斜面の草地に自生する。チベット南部から東南部、四川、雲南に分布する。

Allium prattii

漢名：太白韮（アリウムプラッティ）

ユリ科　ネギ属

多年生植物で、茎には鱗があり円柱形に近い。外側は灰褐色で目立った網目模様がある。葉は2枚あり、対生で、通常は細長く先端は鋭い。花萼の高さは10〜60センチで、下部は緑色、上部は深い緑色。傘形の花序で半球自生となっており、多くの赤紫色の小さな花を持つ。開花するとプロペラ状になる。花実は6月末〜9月に実る。茎葉にはニラの匂いがあり、海抜2000〜4900メートルの日の当たらない山の斜面や溝辺、灌木林などに自生する。中国中部や南西部、チベット東南部に分布する。

Fritillaria cirrhosa

漢名：川貝母（センバイモ）

ユリ科　バイモ属

球根からの長さは 15 〜 50 センチ。鱗のある茎は 2 枚の鱗片から成り立っている。葉は対生で細く、先端はやや湾曲している。花は 1 つのみで、やや大きく、紫色から黄緑色まである。長い筒状で、花弁は細長い。蒴果は稜があり、その上には翅がある。花は 5 〜 7 月、花実は 8 〜 10 月に実る。通常南西部の海抜の高い林や灌木林、草地や河灘、山谷などの湿った場所にある岩の隙間に自生する。原産地は中国中西部から南西部で、チベット南部から東部に分布する。

Lilium nanum

漢名：小百合（リリウム・ナヌム）

ユリ科　ユリ属

鱗のある茎は矩円形で、高さは 2 〜 3.5 センチで、鱗片は披針形。茎の高さは 10 〜 30 センチで毛はない。葉は散生で線状。花は単生で鐘形をしており、下に垂れており、花弁は赤紫色の卵形。先端が鋭い。蒴果は黄色の矩円形に紫色の帯がある。花は 6 月、花実は 9 月に実る。海抜 3500 〜 4500 メートルの山の斜面の草地や灌木林、林に自生する。原産地は中国南西部で、チベット南部や東南部に分布する。

第5章 植物

Lloydid flavonutans

漢名：平滑窪瓣花（ロイド・フラボンタン）

ユリ科　キバナノアマナ属

多年生植物。鱗を持つ茎は細い卵形。根出葉は数枚あり、短く、毛はない。茎は赤褐色から暗い褐色に変わっている。分枝はせず、茎の上部には短い互生葉があり、細長い心形となっている。花は中型で、花弁は13～20ミリあり、先端に1つのみ咲き、下に垂れている。花弁は細長く、黄色で、根本は淡い赤褐色である。蒴果は広い倒卵形である。花は5～7月に開花する。海抜4000～5000メートルの灌木林や草むらに自生する。チベット南部と東南部に分布する。

Notholirion bulbuliferum

漢名：假百合（ノトリリオン・ブルブリフェルム）

ユリ科　ノトリリオン属

小さな鱗を持つ茎が多くあり、淡い褐色の卵形。茎の高さは60～150センチで、ほとんど毛はない。多くの葉が茎の根本から生えており、細長い形をしている。総状花序に数十輪の淡い紫色の花がある。花弁は長い楕円形、で先端は鋭く、緑色の斑点がある。蒴果は矩円形で、丸い稜がある。花は7月、花実は8月に実る。海抜3000～4500メートルの高山草地や灌木林に自生する。チベット、雲南、四川、陝西、甘粛に分布する。

Ophiopogon bodinieri

漢名：沿階草（タイワンジャノヒゲ）

ユリ科　ジャノヒゲ属

根は細く、茎は非常に短い。葉は簇生で、稲の葉に似ており、先端は鋭く、3〜5本の脈がある。縁には細かい歯がある。総状花序にいくつかの花があり、簇生である。花は白く、下に垂れており、花弁は比較的長い。種は楕円形。花は6〜8月、果実は8〜10月に実る。海抜600〜3400メートルの山の斜面や山谷などの湿った場所、溝辺、灌木林などに自生する。原産地は中国中部と南西部で、チベット東南部に分布する。

Polygonatum cirrhifolium

漢名：巻葉黄精（ナルコユリ）

ユリ科　アマドコロ属

根状の茎は太く、円柱形である。茎の高さは30〜90センチ。葉は通常3〜6枚が輪生になっており、細長い。先端は湾曲して鉤爪のようになっている。花序も輪生で、いくつかの淡い紫体で卵形の花があり、下に垂れている。漿果は丸く、赤色や赤紫色で、数粒の種がある。花は5〜7月、花実は9〜10月に実る。海抜2000〜4000メートルの林や山の斜面、草地に自生する。原産地は中国中西部や南西部で、チベット東部から南部に分布する。

Smilacina purpurea

漢名：紫花鹿藥（スミラキナプルプレア）

ユリ科　ユキザサ属

球根からの高さは25〜60センチ。根状の茎はやや太くなっている。茎の上部は短い柔毛に覆われており、5〜9枚の葉を持つ。葉は紙質で、卵状の矩円形。先端は短く尖っており、背面の脈には短い柔毛がある。ほとんどが総状花序で、花は一輪のみ。プロペラのような形で、外側は紫色、内側は緑や白となっている。漿果は球体に近く、熟すと赤くなる。花は6〜7月、花実は9月に実る。海抜3200〜4000メートルの灌木林や林に自生する。チベット東部から南部、雲南北西部に分布する。

第6章 菌類

　キノコ、それは大型菌類の俗称。人類とは非常に微妙な関係に位置し、食卓では美味な食料となり、人々の命を奪うこともできる。よって、キノコの特性と種類を見分けることは大いに重要なことである。

　大型菌類は菌糸体と子実体より構成されている。菌糸体は地中または枯れ木の中に隠れており、識別する際にはほとんどが省かれている。子実体はキノコの繁殖器官であり、傘のような形をしており、特定の生殖段階でのみ出現する。典型的子実体として、菌傘、菌環、菌柄、壷に分類でき、種類により子実体も異なってくる。形態や色の違いの観察が菌傘の識別の初級的な方法である。キノコの菌傘には腎臓形、笠形、円錐形、漏斗形などがある。またアカキクラゲのように明確な菌傘がないものもある。菌環や壷の有無は特性の判断材料となる。

　チベット東南部と巴松措地区の湿った森林には種類豊富は菌類が存在しており、本書には12種が収録されており、そのうちの3種は食べる事ができる。マツタケは最も有名であり、その味は素晴らしく、海を渡って認識されている。

　キノコの鑑定は複雑であり、専門家がいない状況での最善の方法は現地の農家に尋ねることである。

▲林の真菌

Scutellinia sp.

漢名：紅毛盤（アラゲコベニチャワンタケの一種）

ピロネマキン科　アラゲコベニチャワンタケ属

子嚢盤は円状で、直径は約 2 センチで、柄があり、縁は内側に巻かれている。外側は白色に近く、細い毛なあり、ほとんどが湾曲している。子実下層は凹でおり、朱色である。夏秋は林の洞窟付近にある腐木などに自生する。中国南部に広く分布する。

Caloce

漢名：黄珊瑚菌（アカキクラゲ）

アカキクラゲ科　アカキクラゲ属

子実体は散生と簇生の両方があり、黄色からオレンジ色となっている。ゴムのような質で、円柱形もしくは上部の先端が徐々に細くなっている形で、先端は鋭く、小さく分枝している。稀に手のひら状となる。夏秋は腐った針葉樹に自生する。中国全域に分布する。

265

第 6 章 菌類

Ramaria sp.

漢名：枝瑚菌（ハナホウキタケの一種）

ラッパタケ科　ホウキタケ属

子実体は密集した簇生で細く、黄色である。白い柔毛の生える菌糸上に自生する。菌柄は根本から分枝し、その量は多く、全てが直立しており、内側に湾曲している。先端は鋭く、菌肉は白く、上に向かって淡い黄色に変わっており、弾力があり柔らかい。夏秋は針葉樹林の地面から自生する。中国南部に広く分布する。

Cantharellus sp.

漢名：雞油菌（アンズタケの一種）

アンズタケ科　アンズタケ属

子実体は群生もしくは簇生で、全体が肉質で、黄色く、高さは 3 ～ 9 センチ。菌傘の直径は 3 ～ 8 センチで、ラッパ状の歪んだ円形。縁には浅い亀裂が波状にあり、表面は滑らかで、菌肉は淡い黄色。とても厚く、菌柄はやや平たく、歪んだ円柱形で、太く短い。夏秋は林の地面に自生する。中国南西部に広く分布する。食用の種類もあり、味は普通で、杏の香りがある。

Trametes sp.

漢名：栓菌属（カワラタケの一種）

タマチョレイタケ科　カワラタケ属

菌傘は半円形で薄く、革質で柄はなく、白から灰色に変わっている。細く柔らかい毛が円状の模様を描き、縁には波状のものと裂けているものがある。菌肉は白色から灰色で膜質。夏秋は腐った針葉樹に自生する。中国全域に広く分布する。

Lreccinum sp.

漢名：疣柄牛肝菌（ヤマイグチの一種）

イグチ科　ヤマイグチ属

子実体は単生で、菌傘の直径は約3～8センチあり半球形。表面は湿っていると粘り気があり、光沢と短い毛がある。灰白色から淡い灰褐色、栗褐色などである。菌肉は白色。菌柄の長さは4～7センチで、円柱形に近く、生え際は大きく膨らんでいる。肉厚で、上部は白く、下部は浅い灰色である。夏秋は広針混交林に自生する。中国北部から南西部に分布する。この属の種類には食べると「小人国幻視症」に陥る可能性があり、多くの小人が壁などに登り踊っている幻視が見えてしまうと言われている。食べる事は禁止されている。

267

第6章 菌類

Laccaria sp.

漢名：紅蠟蘑（キツネダケの一種）

ヒドナンギウム科　キツネダケ属

子実体は群生で、全体が赤褐色で、菌傘の直径は約1〜3センチあり薄く、中央部の下が凹んでいる。縁は波状となっている。菌褶は少なく、菌柄の長さは3〜6センチで円柱形。下部は湾曲している。夏秋は林や枯れた枝や落葉層の上に自生する。中国全域に広く分布する。

Marasmius sp.

漢名：小皮傘（ミヤマホウライタケ）

ホウライタケ科　ホウライタケ属

子実体は散生で、菌傘の直径は約3センチ。表面は淡い肉色で、中部の色は深く、縁は半透明である。菌柄の長さは約5センチで、角質で、中は空洞である。上部はほとんどが白色で、下部は暗い褐色である。夏秋の雨後は林の落葉に自生する。中国南部に広く分布する。

Mycena sp.

漢名：灰小菇（クヌギタケの一種）

ラッシタケ科　クヌギタケ属

子実体は群生もしくは散生で、菌傘の直径は約1センチの円錐形で灰色。菌褶は白く、生え際には白い絨毛がある。菌柄は細長く、約4センチで、灰白色。夏秋の雨後にはアラカシなどの落葉に自生する。

Catathelasma sp.

漢名：松孢菇（モミタケの一種）

キシメジ科　モミタケ属

子実体は単生で、菌傘の直径は約10センチの平たい半球形で、先端は丸い。褐色の斑点と亀裂があり、縁には多くの毛があり、ヒゲのようになっている。その小さく丸い形から"老人頭菌"と呼ばれている。菌肉は白く分厚い。菌褶は密集している。菌柄は濁った白色で、中部が大きく膨らんでおり、長さは約5センチ。夏秋は高山区の針葉樹林に自生する。中国南西部に広く分布する。

第6章 菌類

Tricholoma matsutake

漢名：松茸（マツタケ）

キシメジ科　キシメジ属

子実体は散生もしくは群生で、菌傘の直径は約12センチで、平たい半球形などで、汚れた白色に黄褐色や栗褐色の平たい毛状の鱗片がある。表面は乾燥している。菌肉は白く、分厚い。菌褶は白色や黄色で密集している。菌柄は太く、長さは約10センチ、太さは2センチ。秋季は松林やその他の針広葉混交林に自生し、樹木の外に自生する根菌として知られている。主に中国東北から南西の各省に分布する。食用であり、非常に美味しく、独特の香りを醸し出す。医学上、マツタケには糖尿病や癌の治療に効果があるため、食材の中でもその価格は上等なものである。

Coprinus sp.

漢名：鬼傘（ヒトヨタケの一種）

ヒトヨタケ科　ヒトヨタケ属

子実体は散生もしくは群生で、菌傘の直径は約4センチ、高さは約10センチの円柱形で、表面は褐色や浅い褐色。菌傘の成長と共に大きくなる鱗片があり、開傘後に菌褶は墨汁状の液体となる。菌肉は白い。菌柄も白く、細長い円柱形で、長さは約15センチで、太さは約2センチ。夏秋は田野や林、道端などに自生し、中国北部から南西部に広く分布する。毒を持っているため食べれない。

あとがき

　もともとはあとがきを書くつもりはなかったが、4月に行われた「環ヒマラヤ生態観察シリーズ」の第1作目『ヤルツァンボの眼』の新作発表会が生態科学の普及や生態保護に関する交流会となり、お互いに意見を述べ合い、鼓舞し合い、涙を流し合うような事となった全てが想像できないものとなった。同時に意外にも国際合作の項目のきっかけともなった。そこで筆を走らせてあとがきを書く事にした。

　発表会で私は尊敬に値する中国の著名高原森林生態学者、徐鳳翔先生とお会いすることができた。彼女はチベット高原の生態研究の創始者であり、曾て全盛期の黄宗英の文学作品『小木屋』の主人公として、「森の女神」と呼ばれていた。私の同僚が崇めるような口調でこの事を言った際に、彼女は話を断ち切り、「森の女神なんていません、私は森の娘、森の娘なんですよ」と述べ、彼女と大自然の親密さとその感情を伝えていた。83歳の彼女は発言台に上り下りする際も健康的な足取りで、即席の言葉で肺腑をえぐり、思想は敏捷としており、流暢な表現力をも兼ね備え、はっきりとした声で、あらゆる感情をはっきり伝える。その様子は彼女がまだ中年になったばかりだと錯覚させる。これはまさしく大自然を見るために生命を受けた人への自然からの恵である。彼女の話は私に深い印象を残した。「チベット高原の整体性は他の場所には無いもので、世界から見てもチベット高原は生態の最高点であり、ヤルツァンボ川大峡谷の湾曲は地質学では大きな怪奇現象である。それは地球上にある大きなはてなマークにも見え、その価値を問われてもおおよそ予想はできないだろうし、この人類の家である地球を守り通す責任を負担できるかどうかも定かではない」。以下は出版者が我々に対しての鼓舞である。「1冊の書籍を出版することは一番の徳でもあります。私は北京出版集団の今回の活動にとても感謝しています。この作品は後世に語り継がれる物です。」さらに彼女は、中国人が高原の上に作ったこの書籍を「厳しくも偉大な作品」と評価している。出版の過程で私たちは思いもよらない出来事に出くわし、私は本当にそうなんだなと思った。

　今回の発表会で、『ヤルツァンボの眼』や『自然の魂』、『生命の記憶』の3冊の審査の中で、私たちは中国科学院の専門家らの厳しくも積極的な評価をいただいた。1つはシリーズの中には貴重な映像があり、多くの生物品種や新しい標本の不足を補い、文献と科学研究に価値をもたらしたことである。ある昆虫専門家は『生命の記憶』の報告で、「本書で撮影されたチベットの昆虫の写真は今までで最もはっきりと、最も多くの記録を公開はさている。」「初めて撮影された品種もあります」「チベットの昆虫やチベットの地理を研究する上で、生態環境はとても重要な価値がある。」と述べた。2つ目は本書に記載されている物は原生態のものであること。本書にある写真の最大の価値は、記載されている生命は全て原始的で野性的、かつ自然的で本能的な状態を撮影したもので、

271

生態環境の真実を反映したところにある。ある動物学者は数十年前に中国の動物写真家は、研究員が稀少な動物を動物園で飼育したものを撮ったものだと述べた。動物撮影において、原生態はとても貴重なもので、撮影するのも極めて困難である。3つ目は科学考察の文献とは完全に異なり、本書の写真は各々の特徴を捉えたここでしか見れないものということだ。ある科学者は「まさに審美価値の絶頂だ」と述べた。映像により生物を保護するというのは、近年の海外での最新の調査方法であり、チベット生物映像調査（TBIS）団は国内で独創性、明確な特色がある試みをした。最初の願望としては、美よりも強い原生態生物の映像を人々の美への追記の中で、老若男女を影響し、これにより深い内容でも理解しやすく、人々に愛されるものになることである。美を使者とし、生態の科学普及知識を広め、生態保護意識を呼び覚ます。美の形象はどんな合図や言葉よりも人の心に直に届くものである。

　特別強調したいのは、科学者が我々に、チベット生物映像調査（TBUS）団が現在行っている作業は「継続していく必要が大いにあり、私たちは科学研究やメディア、室外考察や探索などで団体の間で連携をとる必要がある。なぜなら、実際にチベット高原の生物と自然科学の意義が最初に唱えられたのは西洋の探検家からで、インドから来たイギリス人や新疆から来たスイス人などである。しかし私は、最終的には中国本土の団体が、この高原界の全ての秘密、彼らの眼中にある科学価値のあるものを世界に広めたのだと思う。」

　これにより、私たちは既に出版されたものと現在出版されている科学と審美の二重価値を持つチベット生物の多様性の調査成果を海外へと発信する企画を考案している。2013年11月に行われたニュージーランドで初となる『ヤルツァンボの眼』の発表会と写真展は熱烈な影響を及ぼし、高額で写真の購入を求める者もいた。計画によると、私たちは他の国の動物愛好家と植物愛好家、室外運動愛好家、生態保護ボランティア及び全ての大自然に親しむ人たちにサプライズを送る予定もある。

　一言述べておかないといけないのは、『生命の記憶』、『自然の魂』の緊張した編集の過程で、2014年5月18日に北京出版集団名誉総経理呉雨初の指示で建設されたチベットヤク博物館が正式に開館となった。3年の時を経て、苦労を乗り越え、ついにチベット文化を伝える偉大な創意を成し遂げ、チベット高原に精妙かつ奇美な民俗文化殿堂を建てることができた。

　私はチベットヤク博物館で人々の目の届かない一角に、「環ヒマラヤ生態観察シリーズ」が静かに存在できているのを信じています。文化は長い時間を流れてくるものである。これらの生命の記憶を持つ文化基盤はこの浄土な上での生活をする民族と共に存在し、彼らと敬い合う山湖や江河、その中の多様性のある生命形態と共に存在するものである。

北京出版集団総経理　喬　玢

環ヒマラヤ生態観察叢書③

パソン・ツォ／ルラン生物多様性観測マニュアル

生命の記憶

定価 3980 円+税

発　行　日	2019 年 2 月 15 日　初版第 1 刷発行
著　　　者	羅　浩
訳　　　者	島田陽介
監　　　訳	駱　鴻
出　版　人	劉　偉
発　行　所	グローバル科学文化出版株式会社
	〒 140-0001 東京都品川区北品川 1-9-7 トップルーム品川 1015 号
印 刷・製 本	株式会社ウイル・コーポレーション

© 2019 Beijing Publishing Group Beijing Arts and Photography Publishing House
落丁・乱丁は送料当社負担にてお取替えいたします。
ISBN 978-4-86516-031-4　C0645